실내공기오염

최태열 이승길 최영덕 공저

INDOOR AIR POLLUTION

지오북스

머리말

최근 들어서는 환경보건의 고려를 하지 않고는 국가 경쟁력을 이룰 수가 없으며 쾌적한 삶과 지속가능한 경제발전을 위해서는 실내공기가 중요한 부분을 차지하고 있다.

과거 20세기까지는 의식주의 해결이 우선이었으며 거기에 모든 관심사가 집중되어 왔다. 그러나 의식주가 어느 정도 해결된 21세기에 접어들면서 국민의 삶의 질 향상이 우선시되고 있다.

지구온난화, 산성우, 광화학스모그, 미세먼지 등으로 인한 환경오염은 실생활에 많은 재앙을 초래고 있다. 현대인은 하루 일과 중 80%를 실내에서 생활하고 있다. 그러나 실외의 대기환경에는 관심을 가지면서 실내공기질에는 무관심한 상황이었다.

최근 가정주부의 폐암발생의 원인이 실내공기오염에 상당 부분 기인한다는 보고가 있으면서 조금씩 관심을 갖게 되었다. 하지만 아직도 심각성에 대한 우려는 하면서도 생활환경의 개선은 그에 따르지 못하는 실정이다.

실내공기 발생원으로는 심각해진 대기오염물질이 유입된다든가, 요리 시에 발생되는 입자상 물질, 환기부족에서 오는 만성 산소결핍, 흡연에서 발생되는 약 4,000여 종의 화학물질, 애완동물에서 오는 알러지성 물질 등 다양하며, 이로 인해 심각하게 건강을 해치게 된다. 때문에 실내공기오염의 심각성을 인식하고 환기의 방법 및 공기정화에 대해 정확히 인지하고 실천하는 것이 중요하다.

본 서는 이런 내용을 중점적으로 현실감 있게 집필하려 노력했으며 앞으로 더 진보된 내용이 있으면 수정 · 보완하여 더 좋은 서적으로 개선할 계획이다. 본 서적의 집필이 완성되는 데에 있어 자료 협조와 정보를 아낌없이 제공해주신 공동 저자님들께 감사드린다.

끝으로 본 서적 발행에 적극 도움을 주신 지우북스 서철종 대표님께 감사드리며 자료 수집에 도움을 준 장춘식 님께도 감사드린다.

최태열, 이승길, 최영덕 드림

차 례

CHAPTER 01

개요

최근에는 환경보건의 고려를 하지 않고는 국가 경쟁력을 이룰 수가 없으며 쾌적한 삶과 지속가능한 경제발전을 위해서는 실내공기가 중요한 부분을 차지한다.

과거 20세기까지는 의식주의 해결이 우선이었고 모든 관심사가 그에 집중되었다. 그러나 의식주가 어느 정도 해결된 21세기에 접어들면서 국민의 삶의 질이 우선시되고 있으나 환경오염은 지구온난화, 산성우, 광화학스모그, 미세먼지 등 많은 재앙을 초래하고 있다. 예를 들어 20세기 후반만 해도 우물, 수돗물을 음용수로 사용하였으나 현재는 대부분 사서 마시는 것에 의존하고 있다.

산소는 공기 중에 약 21V%정도가 존재하는 것으로 알려져 있으며 어느 한 시대의 빙하를 조사한 결과 38~50V%였다는 연구자료가 있다. 일본의 어느 교수의 보고서에 의하면 산소가 매년 1/100,000씩 지속적으로 감소하며 대기오염물질이 자리를 차지하고 있다고 한다.

CO_2는 증가 추세에 있으며 이런 추세라면 2017년 현재 약 350ppm정도인 것이 2,100년경에 약 980ppm 수준으로 증가할 것이라는 연구보고서도 있다. 그 밖에 대기오염의 심각성은 밤하늘을 보면 직접적으로 느낄 수 있다. 과거에는 도심에서도 쉽게 별을 볼 수 있지만 현재는 시골을 제외한 도심에서는 거의 보기 어려운 상황이 되었다. 이런 환경오염 즉, 수질오염과 대기오염에 대해서는 대부분 인지하고 있지만 실내공기에 대해서는 크게 인지하지 못하고 실내공기의 중요성과 오염인자에 대해서는 거의 무시하고 넘기는 경우가 많다.

그러나 환경오염 못지않게 중요한 부분이 실내공기이다. 현대인은 일상의 80% 이상을 실내에서 생활하게 된다. 실내공기는 산업장의 실내공기 즉, 작업환경과 일상생활에서의 실내공기로 분류할 수 있으며 산업장은 생산현장과 다중이용시설로 분리해 볼 수 있다.

산업장은 산업안전보건법에서 관리되고 있으며, 다중이용시설은 환경부에서 실내공기질 관리대책을 확대하면서 규정해가고 있으며 도서관 및 보육시설의 경우에는 교육부에서 대책을 강구해가고 있다. 그러나 아직도 가정, 사무실의 실내공기질은 사각지대에 놓여 있으며 만성산소결핍증, 주부들의 폐암 발생 등은 실내공기의 중요성을 생각하게 한다.

CHAPTER 02

실내공기오염의 원인

실내공간의 분류는 근로자의 작업환경, 다중이용시설, 생활환경 속의 실내공간으로 분리할 수 있다.

작업환경은 산업안전보건법에서 폭로 농도(TLV – TWA , TLV – STEL)로 규정하고 방지대책으로 국소배기, 전체배기 등으로 동시에 규정하며 국소배기는 HOOD의 모형 및 capture velocity 등으로 규정하고 있다.

다중이용시설은 환경부와 교육부, 고용노동부의 3개 부처에서 개별관리하고 있으며 각각의 관리현황에서 약간의 차이를 보이고 있다. 이 부분은 통합관리 및 WHO의 권고기준에 의한 검토로 조정이 필요할 것으로 생각된다. 다중이용시설은 일부 국소배기를 적용하기도 하지만 대부분 전체환기에 의존한다.

생활환경 속의 실내공간은 침실을 포함한 주거용 실내, 대중교통, 사무실 등 별도의 규정을 하는 것은 다소 어려운 부분으로 거의 무방비상태에 이르고 있다. 그러나 실제로는 주부의 청소와 요리 시에 발생되는 미세먼지에 의해 암을 유발시킨다는 내용이 많은 학자들에 의해 보고되고 있다. 특히 실내공기오염은 만성 산소결핍현상을 가져오기도 한다.

(1) 중요성

① 도시인의 습성 변화 : 실외 업무를 하는 일부를 제외하고 활동시간의 80% 이상을 실내에서 생활한다. 이동 중의 교통수단, 실내업무, 귀가 시, 대부분을 주거지에서 휴식한다.

② 건물의 밀폐화 : 대기오염이 심해지는 현상은 실내공간의 밀폐화를 자연스럽게 유도하고 개인주의적인 사고는 밀폐화를 유도하였다. 이런 현상은 실내공기를 악

화시켰다. 침실의 CO_2의 변화는 좋은 예이며 또한 각종 질병의 원인이 되기도 한다. 건축물로 인한 현대인의 질병으로는 SBS, MCS, SHS, BRI 등이 제시되기도 한다.

③ 미관 및 보온, 단열, 내구성의 강조로 새로운 건축 자재 및 실내 마감재의 등장은 신규 오염물질을 유발한다.

④ 과거 의식주에 치우쳐 있던 생활환경이 편리하고 안락한 쪽으로 향상되어가면서 실내공기질의 관심이 증가되고 있다.

(2) 실내공기질의 부처별 관리 현황

소관부처	근거법령	관리대상	목적
환경부	다중이용시설등의 실내공기질 관리법	다중이용시설, 신축공동주택	24개 시설군 관리
고용노동부	산업안전보건법	사무실, 작업장	작업장과 사무실의 실내공기질 관리
교육부	학교보건법	학교	학교의 실내 공기질 관리

1 작업환경

생산작업 중 배출되는 화학적 유해물질로 무기화학물질, 유기화학물질(유기용제, VOC), 중금속, 비산먼지로 분리할 수 있다. 대부분은 생산과정 중 이송, 작업장의 Hood의 부적합, 저장탱크의 부적절, 관리 부주의에 따른 누출현상들을 원인으로 볼 수 있다. 따라서 Hood 및 Duct의 관리와 법령에 따른 준수가 필요하고 MSDS에 의한 안전관리와 숙지가 필요하다. 또한 적절한 산업환기의 필요성이 강조된다.

(1) 산업안전보건법 폭로 농도

〈2016-41 고용노동부고시〉로 직업병을 예방하기위한 폭로기준값이 정해져 운용하고 있으며 모든 사업장은 본 규정을 준수해야 한다. 기준값은 유해인자의 위험도에 따라 다르다.

〈2016-41 고용노동부고시 폭로기준〉

〈별표 1-1〉 화학물질의 노출기준

일련번호	유해물질의 명칭		화학식	노출기준				비 고 (CAS번호 등)
	국문표기	영문표기		TWA		STEL		
				ppm	mg/㎥	ppm	mg/㎥	
1	가솔린	Gasoline	-	300	-	500	-	[8006-61-9] 발암성 1B, (가솔린 증기의 직업적 노출에 한정함), 생식세포 변이원성 1B
2	개미산	Formic acid	HCOOH	5	-	-	-	[64-18-6]
3	게르마늄 테트라하이드라이드	Germanium tetrahydride	GeH_4	0.2	-	-	-	[7782-65-2]
4	고형 파라핀 흄	Paraffin wax fume	-	-	2	-	-	[8002-74-2]
5	곡물분진	Grain dust	-	-	4	-	-	
6	곡분분진	Flour dust(Inhalable fraction)	-	-	0.5	-	-	흡입성
7	과산화벤조일	Benzoyl peroxide	$(C_6H_5CO)_2O_2$	-	5	-	-	[94-36-0]
8	과산화수소	Hydrogen peroxide	H_2O_2	1	-	-	-	[7722-84-1] 발암성 2
9	광물털 섬유	Mineral wool fiber	-	-	10	-	-	발암성 2, (알칼리 산화물 및 알칼리토금속 산화물의 중량비가 18% 이상인 불특정 모양의 인공 유리 규산 섬유에 한정함)
10	구리(분진 및 미스트)	Copper(Dust & mist, as Cu)	Cu	-	1	-	2	[7440-50-8]
11	구리(흄)	Copper(Fume)	Cu	-	0.1	-	-	[7440-50-8]
12	규산칼슘	Calcium silicate	$CaSiO_3$	-	10	-	-	[1344-95-2]
13	규조토	Diatomaceous earth	-	-	10	-	-	
14	글루타르알데히드	Glutaraldehyde	$OCH(CH_2)_3CHO$			C 0.05	-	[111-30-8]

일련번호	유해물질의 명칭		화학식	노출기준				비 고 (CAS번호 등)
	국문표기	영문표기		TWA		STEL		
				ppm	mg/㎥	ppm	mg/㎥	
15	글리세린미스트	Glycerin mist	$CH_2OHCHOH\cdot CH_2OH$	-	10	-	-	[56-81-5]
16	글리시돌	Glycidol	$C_3H_6O_2$	2,3-에폭시-1-프로판올 참조				
17	글리콜 모노에틸에테르	Glycol monoethyl ether	$C_2H_5OCH_2CH_2OH$	2-에톡시에탄올 참조				
18	금속가공유 (혼합용매추출물)	Metal Working Fluids (as mixed solvent soluble aerosol)	-	-	0.8	-	-	
19	나프탈렌	Naphthalene	$C_{10}H_8$	10	-	15	-	[91-20-3] 발암성 2, Skin
20	날레드	Naled	$C_4H_7Br_2Cl_2O_4P$	디메틸-1,2-디브로모-2,2-디클로로에틸 포스페이트 참조				
21	납 및 그 무기화합물	Lead and Inorganic compounds, as Pb	Pb	-	0.05	-	-	[7439-92-1] 발암성 1B, 생식독성 1A (납(금속)의 경우 발암성 2)
22	납석	Agalmatolite	$Al_2O_3\cdot 4SiO_2\cdot H_2O$					-
23	내화성세라믹섬유	Refractory ceramic fibers(Respirable fibers)	-	-	0.2개/㎤	-	-	호흡성, 발암성 1B(알칼리 산화물 및 알칼리토금속 산화물의 중량비가 18% 이하인 불특정 모양의 인공 유리규산 섬유에 한정함)
24	노난	Nonane	$CH_3(CH_2)_7CH_3$	200	-	-	-	[111-84-2]
25	노말-니트로소디메틸아민	n-Nitrosodimethylamine	$(CH_3)_2NNO$	디메틸니트로소아민 참조				
26	2-N-디부틸아미노에탄올	2-N-Dibutylaminoethanol	$(C_4H_9)_2NCH_2CH_2OH$	2	-	-	-	[102-81-8] Skin
27	N-메틸 아닐린	N-Methyl aniline	$C_6H_5NHCH_3$	0.5	-	-	-	[100-61-8] Skin
28	노말-발레알데히드	n-Valeraldehyde	$CH_3(CH_2)_3CHO$	50	-	-	-	[110-62-3]
29	노말-부틸 글리시딜에테르	n-Butyl glycidyl ether(BGE)	$C_4H_9OCH_2CHOCH_2$	10	-	-	-	[2426-08-6] 발암성 2, 생식세포 변이원성 2, Skin
30	노말-부틸 락테이트	n-Butyl lactate	$CH_3CH(OH)COO(CH_2)_3CH_3$	5	-	-	-	[138-22-7]

일련번호	유해물질의 명칭		화학식	노출기준				비 고 (CAS번호 등)
	국문표기	영문표기		TWA		STEL		
				ppm	mg/m³	ppm	mg/m³	
31	노말-부틸아크릴레이트	n-Butyl acrylate	$C_7H_{12}O_2$	2	-	10	-	[141-32-2]
32	노말-부틸알코올	n-Butyl alcohol(1-Butanol)	$CH_3CH_2CH_2CH_2OH$	20	-	-	-	[71-36-3]
33	N-비닐-2-피롤리돈	N-Vinyl-2-pyrrolidone(NVP)	C_6H_9NO	0.05	-	-	-	[88-12-0] 발암성 2
34	N-에틸모르폴린	N-Ethylmorpholine	$C_6H_{13}ON$	5	-	-	-	[100-74-3] Skin
35	N-이소프로필아닐린	N-Isopropyl aniline	$C_6H_5NHCH(CH_3)_2$	2	-	-	-	[768-52-5] Skin
36	노말-초산 부틸	n-Butyl acetate	$CH_3COO(CH_2)_3CH_3$	150	-	200	-	[123-86-4]
37	노말-초산 아밀	n-Amyl acetate	$CH_3COOC_5H_{11}$	50	-	100	-	[628-63-7]
38	N-페닐-베타-나프틸 아민	N-Phenyl-β-naphthyl amine	$C_{10}H_7NHC_6H_5$	-	-	-	-	[135-88-6] 발암성 2
39	노말-프로필 니트레이트	n-Propyl nitrate	$C_3H_8NO_3$	25	-	40	-	[627-13-4]
40	노말-프로필 아세테이트	n-Propyl acetate	$CH_3COOCH_2CH_2CH_3$	200	-	250	-	[109-60-4]
41	노말-프로필 알코올	n-Propyl alcohol	$CH_3CH_2CH_2OH$	200	-	250	-	[71-23-8] Skin
42	노말-헥산	n-Hexane	$CH_3(CH_2)_4CH_3$	50	-	-	-	[110-54-3] 생식독성 2, Skin
43	니켈(가용성화합물)	Nickel (Soluble compounds, as Ni) (Inhalable fraction)	Ni	-	0.1	-	-	[7440-02-0] 발암성 1A, 흡입성
44	니켈(불용성 무기화합물)	Nickel(Insoluble Inorganic compounds, as Ni)	Ni	-	0.2	-	-	[7440-02-0] 발암성 1A
45	니켈(금속)	Nickel(Metal)	Ni	-	1	-	-	[7440-02-0] 발암성 2
46	니켈 카르보닐	Nickel carbonyl, as Ni	$Ni(CO_4)$	0.001	-	-	-	[13463-39-3] 발암성 1A, 생식독성 1B
47	니코틴	Nicotine	$C_{10}H_{14}N_2$	-	0.5	-	-	[54-11-5] Skin
48	니트라피린	Nitrapyrin	$C_6H_3C_{14}N$	2-클로로-6-(트리클로로메틸) 피리딘 참조				
49	니트로글리세린	Nitroglycerin(NG)	$CH_2NO_3CHNO_3CH_2NO_3$	0.05	-	-	-	[55-63-0] Skin

일련번호	유해물질의 명칭		화학식	노출기준				비 고 (CAS번호 등)
	국문표기	영문표기		TWA		STEL		
				ppm	mg/m³	ppm	mg/m³	
50	니트로글리콜	Nitroglycol	$(CH_2ONO_2)_2$	에틸렌글리콜 디니트레이트 참조				
51	4-니트로디페닐	4-Nitrodiphenyl	$C_6H_5C_6H_4NO_2$	-	-	-	-	[92-93-3] 발암성 1B, Skin
52	니트로메탄	Nitromethane	CH_3NO_2	20	-	-	-	[75-52-5] 발암성 2
53	니트로벤젠	Nitrobenzene	$C_6H_5NO_2$	1	-	-	-	[98-95-3] 발암성 2, 생식독성 1B, Skin
54	니트로에탄	Nitroethane	$C_2H_5NO_2$	100	-	-	-	[79-24-3]
55	니트로톨루엔 (오쏘, 메타, 파라-이성체)	Nitrotoluene(o, m, p-isomers)	$CH_3C_6H_4NO_2$	2	-	-	-	[88-72-2] 발암성 1B, 생식세포 변이원성 1B, 생식독성 2, Skin, [99-08-1][99-99-0] Skin
56	니트로트리클로로메탄	Nitrotrichloromethane	CCl_3NO_2	클로로피크린 참조				
57	1-니트로프로판	1-Nitropropane	$CH_3CH_2CH_2NO_3$	25	-	-	-	[108-03-2]
58	2-니트로프로판	2-Nitropropane	$CH_3CHNO_2CH_3$	10	-	-	-	[79-46-9] 발암성 1B
59	대리석	Marble	-	-	10	-	-	
60	데미톤	Demeton	$(C_2H_5O)_2PSOC_2H_4SC_2H_5$	-	0.1	-	-	[8065-48-3] Skin
61	데카보란	Decaborane	$B_{10}H_{14}$	0.05	-	0.15	-	[17702-41-9] Skin
62	2,4-디	2,4-D (2,4-Dichloro phenoxyacetic acid) (Inhalable fraction)	$Cl_2C_6H_3OCH_2COOH$	-	10	-	-	[94-75-7] 흡입성
63	디글리시딜에테르	Diglycidyl ether(DGE)	$C_6H_{10}O_3$	0.1	-	-	-	[2238-07-5]
64	디니트로벤젠(모든 이성체)	Dinitrobenzene(all isomers)	$C_6H_4(NO_2)_2$	0.15	-	-	-	[528-29-0][99-65-0][100-25-4] Skin
65	디니트로-오쏘-크레졸	Dinitro-o-cresol	$CH_3C_6H_2OH(NO_2)_2$	-	0.2	-	-	[534-52-1] 생식세포 변이원성 2, Skin
66	3,5-디니트로-오쏘-톨루아미드	3,5-Dinitro-o-toluamide	$C_8H_7N_3O_5$	-	5	-	-	[148-01-6]
67	디니트로톨루엔	Dinitrotoluene	$(NO_2)_2C_6H_3CH_3$	-	0.2	-	-	[25321-14-6] 발암성 1B, 생식세포 변이원성 2, 생식독성 2, Skin
68	디메톡시메탄	Dimethoxymethane	$CH_3OCH_2OCH_3$	1,000	-	-	-	[109-87-5]

일련번호	유해물질의 명칭		화학식	노출기준				비 고 (CAS번호 등)
	국문표기	영문표기		TWA		STEL		
				ppm	mg/㎥	ppm	mg/㎥	
69	디메틸니트로소아민	Dimethylnitrosoamine	$(CH_3)_2NNO$	-	-	-	-	[62-75-9] 발암성 1B, Skin
70	디메틸-1,2-디브로모-2,2-디클로로에틸포스페이트	Dimethyl-1,2-dibromo-2,2-dichloroethyl phosphate	$C_4H_7Br_2Cl_2O_4P$	-	3	-	-	[300-76-5] Skin
71	디메틸벤젠(오쏘,메타,파라-이성체)	Dimethylbenzene(o,m,p-isomers)	$C_6H_4(CH_3)_2$	100	-	150	-	[1330-20-7][95-47-6][108-38-3][106-42-3]
72	디메틸아닐린	Dimethylaniline (N,N-Dimethylaniline)	$C_6H_4N(CH_3)_2$	5	-	10	-	[121-69-7] 발암성 2, Skin
73	디메틸아미노벤젠(혼합이성체 포함)	Dimethylaminobenzene(mixed isomers, Inhalabable fraction and vapor)	$(CH_3)_2C_6H_3NH_2$	0.5	-	-	-	[1300-73-8] 발암성 2, Skin, 흡입성 및 증기
74	디메틸아민	Dimethylamine	$(CH_3)_2NH$	5	-	15	-	[124-40-3]
75	N,N-디메틸아세트아미드	N,N-Dimethyl acetamide	C_4H_9NO	10	-	-	-	[127-19-5] 생식독성 1B, Skin
76	디메틸 카르바모일클로라이드	Dimethyl carbamoylchloride	$(CH_3)_2NCOCl$	0.005	-	-	-	[79-44-7] 발암성 1B, Skin
77	디메틸포름아미드	Dimethylformamide	$HCON(CH_3)_2$	10	-	-	-	[68-12-2] 생식독성 1B, Skin
78	디메틸프탈레이트	Dimethylphthalate	$C_{10}H_{10}O_4$	-	5	-	-	[131-11-3]
79	2,6-디메틸-4-헵타논	2,6-Dimethyl-4-heptanone	$[(CH_3)_2CHCH_2]_2CO$	디이소부틸케톤 참조				
80	1,1-디메틸하이드라진	1,1-Dimethylhydrazine	$(CH_3)_2NNH_2$	0.01	-	-	-	[57-14-7] 발암성 1B, Skin
81	디보란	Diborane	B_2H_6	0.1	-	-	-	[19287-45-7]
82	디부틸 포스페이트	Dibutyl phosphate(Inhalable fraction and vapor)	$(C_4H_9O)_2(OH)PO$	-	5	-	10	[107-66-4] Skin, 흡입성 및 증기
83	디부틸 프탈레이트	Dibutyl phthalate	$C_6H_4(CO_2C_4H_9)_2$	-	5	-	-	[84-74-2] 생식독성 1B
84	1,2-디브로모에탄	1,2-Dibromoethane	CH_2BrCH_2Br	-	-	-	-	[106-93-4] 발암성 1B, Skin
85	디비닐 벤젠	Divinyl benzene	$C_6H_4(CH=CH_2)_2$	10	-	-	-	[1321-74-0]
86	디설피람	Disulfiram	$C_{10}H_{20}N_2S_4$	-	2	-	-	[97-77-8]

일련번호	유해물질의 명칭		화학식	노출기준				비 고 (CAS번호 등)
	국문표기	영문표기		TWA		STEL		
				ppm	mg/㎥	ppm	mg/㎥	
87	디설포톤	Disulfoton(Inhalable fraction and vapor)	$C_8H_{19}O_2PS_3$	-	0.05	-	-	[298-04-4] Skin, 흡입성 및 증기
88	디시클로펜타디에닐 철	Dicyclopentadienyl iron	$C_{10}H_{10}Fe$	-	10	-	-	[102-54-5]
89	디시클로펜타디엔	Dicyclopentadiene	$C_{10}H_{12}$	5	-	-	-	[77-73-6]
90	디아니시딘	Dianisidine	$C_{14}H_{16}N_2O_2$	-	0.01	-	-	[119-90-4] 발암성 1B
91	1,2-디아미노에탄	1,2-Diaminoethane	$H_2NCH_2CH_2NH_2$	10	-	-	-	[107-15-3] Skin
92	디아세톤 알코올	Diaceton alcohol	$C_6H_{12}O_2$	50	-	-	-	[123-42-2]
93	디아조메탄	Diazomethane	CH_2N_2	0.2	-	-	-	[334-88-3] 발암성 1B
94	디아지논	Diazinon (Inhalable fraction and vapor)	$C_{12}H_{21}N_2O_3PS$	-	0.01	-	-	[333-41-5] Skin, 흡입성 및 증기
95	디에탄올아민	Diethanolamine	$(HOCH_2CH_2)_2NH$	-	2	-	-	[111-42-2] 발암성 2, Skin
96	2-디에틸아미노에탄올	2-Diethylamino ethanol	$(C_2H_5)_2NC_2H_4OH$	2	-	-	-	[100-37-8] Skin
97	디에틸아민	Diethylamine	$(C_2H_5)_2NH$	5	-	15	-	[109-89-7] Skin
98	디에틸 에테르	Diethyl ether	$C_2H_5OC_2H_5$	400	-	500	-	[60-29-7]
99	디에틸 케톤	Diethyl ketone	$C_2H_5COC_2H_5$	200	-	-	-	[96-22-0]
100	디에틸렌 트리아민	Diethylene triamine	$(NH_2CH_2CH_2)_2NH$	1	-	-	-	[111-40-0] Skin
101	디에틸프탈레이트	Diethyl phthalate	$C_6H_4(COOC_2H_5)_2$	-	5	-	-	[84-66-2]
102	디(2-에틸헥실)프탈레이트	Di(2-ethylhexyl)phthalate	$C_6H_4(COOC_8H_{17})_2$	-	5	-	10	[117-81-7] 발암성 2, 생식독성 1B
103	디엘드린	Dieldrin	$C_{12}H_8Cl_6O$	-	0.25	-	-	[60-57-1] 발암성 2, Skin
104	디옥사티온	Dioxathion	$C_{12}H_{26}O_6P_2S_4$	-	0.2	-	-	[78-34-2] Skin
105	1,4-디옥산	1,4-Dioxane(Diethylene dioxide)	$OCH_2CH_2OCH_2CH_2$	20	-	-	-	[123-91-1] 발암성 2, Skin
106	디우론	Diuron	$C_9H_{10}Cl_2N_2O$	-	10	-	-	[330-54-1] 발암성 2
107	디이소부틸케톤	Diisobutyl ketone	$[(CH_3)_2CHCH_2]_2CO$	25	-	-	-	[108-83-8]

일련번호	유해물질의 명칭		화학식	노출기준				비 고 (CAS번호 등)
	국문표기	영문표기		TWA		STEL		
				ppm	mg/㎥	ppm	mg/㎥	
108	디이소프로필아민	Diisopropylamine	$(CH_3)_2CHNHCH(CH_3)_2$	5	-	-	-	[108-18-9] Skin
109	2,6-디-삼차-부틸-파라-크레졸	2,6-Di-tert-butyl-p-cresol(Inhalable fraction and vapor)	$C_{15}H_{24}O$	-	2	-	-	[128-37-0] 흡입성 및 증기
110	디-이차-옥틸프탈레이트	Di-sec-octyl phthalate	$C_6H_4(COOC_8H_{17})_2$	디-(2-에틸헥실)프탈레이트 참조				
111	디쿼트	Diquat	$C_{12}H_{12}Br_2N_2$	-	0.5	-	-	[2764-72-9][85-00-7][6385-62-2] Skin
112	디크로토포스	Dicrotophos	$C_8H_{16}NO_5P$	-	0.25	-	-	[141-66-2] Skin
113	디클로로디페닐트리클로로에탄	Dichlorodiphenyltrichloroethane (D.D.T)	$C_{14}H_9Cl_5$	-	1	-	-	[50-29-3] 발암성 2
114	1,1-디클로로-1-니트로에탄	1,1-Dichloro-1-nitroethane	$CH_3CCl_2NO_2$	2	-	-	-	[594-72-9]
115	1,3-디클로로-5,5-디메틸 하이단토인	1,3-Dichloro-5,5-dimethyl hydantoin	$C_5H_6Cl_2N_2O_2$	-	0.2	-	0.4	[118-52-5]
116	디클로로디플루오로메탄	Dichlorodifluoromethane	CCl_2F_2	1,000	-	-	-	[75-71-8]
117	디클로로메탄	Dichloromethane	CH_2Cl_2	50	-	-	-	[75-09-2] 발암성 2
118	3,3-디클로로벤지딘	3,3-Dichlorobenzidine	$C_{12}H_{10}Cl_2N_2$	-	-	-	-	[91-94-1] 발암성 1B, Skin
119	디클로로아세트산	Dichloro acetic acid	$C_2H_2Cl_2O_2$	0.5	-	-	-	[79-43-6] 발암성 2, Skin
120	디클로로아세틸렌	Dichloroacetylene	ClCCCl			C 0.1	-	[7572-29-4] 발암성 2
121	1,1-디클로로에탄	1,1-Dichloroethane	CH_3CHCl_2	100	-	-	-	[75-34-3]
122	1,2-디클로로에탄	1,2-Dichloroethane	$ClCH_2CH_2Cl$	10	-	-	-	[107-06-2] 발암성 1B
123	1,1-디클로로에틸렌	1,1-Dichloroethylene	CH_2CCl_2	5	-	20	-	[75-35-4] 발암성 2
124	1,2-디클로로에틸렌	1,2-Dichloroethylene	CHClCHCl	이염화아세틸렌 참조				
125	디클로로에틸에테르	Dichloroethylether	$(ClCH_2CH_2)_2O$	5	-	10	-	[111-44-4] 발암성 2, Skin
126	디클로로테트라플루오로에탄	Dichlorotetrafluoroethane	$F_2ClCCClF_2$	1,000	-	-	-	[76-14-2]
127	1,2-디클로로프로판	1,2-Dichloropropane	$CH_3CHClCH_2Cl$	75	-	110	-	[78-87-5]

일련번호	유해물질의 명칭		화학식	노출기준				비 고 (CAS번호 등)
				TWA		STEL		
	국문표기	영문표기		ppm	mg/m³	ppm	mg/m³	
128	디클로로프로펜	Dichloropropene	$CHClCHCH_2Cl$	1	-	-	-	[542-75-6] 발암성 2, Skin
129	2,2-디클로로프로피온산	2,2-Dichloropropionic acid	CH_3CCl_2COOH	-	6	-	-	[75-99-0]
130	디클로로플루오로메탄	Dichlorofluoromethane	$CHCl_2F$	10	-	-	-	[75-43-4]
131	1,1-디클로로-1-플루오로에탄	1,1-Dichloro-1-fluoro ethane	$C_2Cl_2FH_3$	500	-	-	-	[1717-00-6]
132	디클로르보스	Dichlorvos(Inhalable fraction and vapor)	$(CH_3O)_2POOCHCCl_2$/ $C_4H_7Cl_2O_4P$	-	0.1	-	-	[62-73-7] 발암성 2, Skin, 흡입성 및 증기
133	디페닐	Diphenyl	$C_{12}H_{10}$	비페닐 참조				
134	디페닐메탄 디이소시아네이트	Diphenylmethanediisocyanate	$NCOC_6H_4CH_2C_6H_4NCO$	0.005	-	-	-	[101-68-8] 발암성 2
135	디페닐아민	Diphenylamine	$C_6H_5NHC_6H_5$	-	10	-	-	[122-39-4]
136	디프로필렌 글리콜메틸 에테르	Dipropylene glycol methyl ether	$CH_3CH(OCH_3)CH_2OCH_2CH(OH)CH_3$	100	-	150	-	[34590-94-8] Skin
137	디프로필 케톤	Dipropyl ketone	$(CH_3CH_2CH_2)_2CO$	50	-	-	-	[123-19-3]
138	디플루오로디브로모메탄	Difluorodibromomethane	CBr_2F_2	100	-	-	-	[75-61-6]
139	디하이드록시벤젠	Dihydroxybenzene	$C_6H_4(OH)_2$	-	2	-	-	[123-31-9] 발암성 2, 생식세포 변이원성 2
140	러버 솔벤트	Rubber solvent(Naphtha)	-	400	-	-	-	[8030-30-6] 발암성 1B, 생식세포 변이원성 1B (벤젠 0.1% 이상인 경우에 한정함)
141	레조시놀	Resorcinol	$C_6H_4(OH)_2$	10	-	20	-	[108-46-3]
142	로듐금속	Rhodium, Metal	Rh	-	0.1	-	-	[7440-16-6]
143	로듐, 불용성화합물	Rhodium, Insoluble compounds, as Rh	Rh	-	1	-	-	[7440-16-6]
144	로진 열분해산물	Rosin core solder pyrolysis products, as Formaldehyde	-	-	0.1	-	-	
145	로테논	Rotenone(Commercial)	$C_{23}H_{22}O_6$	-	5	-	-	[83-79-4]

일련번호	유해물질의 명칭		화학식	노출기준				비 고 (CAS번호 등)
				TWA		STEL		
	국문표기	영문표기		ppm	mg/m³	ppm	mg/m³	
146	론넬	Ronnel	$(CH_3O)_2PSOC_6H_2Cl_3$	-	10	-	-	[299-84-3]
147	루지	Rouge	-	-	10	-	-	
148	리튬하이드라이드	Lithium hydride	LiH	-	0.025	-	-	[7580-67-8]
149	린데인	Lindane	$C_6H_6Cl_6$	-	0.5	-	-	[58-89-9] 발암성 2, 수유독성, Skin
150	말라티온	Malathion(Inhalable fraction and vapor)	$C_{10}H_{19}O_6PS_2$	-	1	-	-	[121-75-5] Skin, 흡입성 및 증기
151	망간 및 무기 화합물	Manganese & Inorganic compounds, as Mn	Mn	-	1	-	-	[7439-96-5]
152	망간 시클로펜타디에닐 트리카보닐	Manganese cyclopentadienyl tricarbonyl, as Mn	$C_5H_5Mn(CO)_3$	-	0.1	-	-	[12079-65-1] Skin
153	망간(흄)	Manganese(Fume)	Mn	-	1	-	3	[7439-96-5]
154	메빈포스	Mevinphos	$(CH_3O)_2PO_2C(CH_3)$ =CHCOOCH	0.01	-	0.03	-	[7786-34-7] Skin
155	메타크릴 산	Methacrylic acid	CH_2CCH_3COOH	20	-	-	-	[79-41-4]
156	메타-크실렌-알파, 알파-디아민	m-Xylene-α, α′-diamine	$C_6H_4(CH_2NH_2)_2$	-	-	-	C 0.1	[1477-55-0] Skin
157	메타-톨루이딘	m-Toluidine	$CH_3C_6H_4NH_2$	2	-	-	-	[108-44-1] Skin
158	메타-프탈로디니트릴	m-Phthalodinitrile(Inhalable fraction and vapor)	$C_8H_4N_2$	-	5	-	-	[626-17-5] 흡입성 및 증기
159	메탄올	Methanol	CH_3OH	메틸 알코올 참조				
160	메탄에티올	Methanethiol	CH_3SH	0.5	-	-	-	[74-93-1]
161	메토밀	Methomyl	$C_5H_{10}N_2O_2S$	-	2.5	-	-	[16752-77-5]
162	2-메톡시에탄올	2-Methoxyethanol	$CH_3OCH_2CH_2OH$	5	-	-	-	[109-86-4] 생식독성 1B, Skin
163	2-메톡시에틸아세테이트	2-Methoxyethyl acetate	$CH_3COOCH_2CH_2OCH_3$	에틸렌 글리콜 메틸 에테르 아세테이트 참조				
164	메톡시클로르	Methoxychlor	$C_{16}H_{15}Cl_3O_2$	-	10	-	-	[72-43-5]

일련번호	유해물질의 명칭		화학식	노출기준				비 고 (CAS번호 등)
	국문표기	영문표기		TWA		STEL		
				ppm	mg/m³	ppm	mg/m³	
165	4-메톡시페놀	4-Methoxyphenol	$CH_3OC_6H_4OH$	-	5	-	-	[150-76-5]
166	메트리뷰진	Metribuzin	$C_8H_{14}N_4OS$	-	5	-	-	[21087-64-9]
167	메틸 노말-부틸케톤	Methyl n-butylketone	$CH_3COCH_2CH_2CH_2CH_3$	2-헥사논 참조				
168	메틸 노말-아밀케톤	Methyl n-amylketone	$CH_3(CH_2)_4COCH_3$	2-헵타논 참조				
169	메틸 데메톤	Methyl demeton	$(CH_3O)_2PSO(CH_2)_2SC_2H_5$	-	0.5	-	-	[8022-00-2] Skin
170	4,4'-메틸렌디아닐린	4,4'-Methylenedianiline	$H_2NC_6H_4CH_2C_6H_4NH_2$	0.1	-	-	-	[101-77-9] 발암성 1B, 생식세포 변이원성 2, Skin
171	4,4'-메틸렌비스 (2-클로로아닐린)	4,4'-Methylenebis (2-chloroaniline)	$CH_2(C_6H_4ClNH_2)_2$	0.01	-	-	-	[101-14-4] 발암성 1A, Skin
172	메틸렌비스페닐 이소시아네이트	Methylene bisphenyl isocyanate	$NCOC_6H_4CH_2C_6H_4NCO$	디페닐 메탄 디이소시아네이트 참조				
173	메틸메타크릴레이트	Methyl methacrylate	$CH_2C(CH_3)COOCH_3$	50	-	100	-	[80-62-6]
174	메틸 멀캡탄	Methyl mercaptan	CH_3SH	메탄에티올 참조				
175	메틸삼차 부틸에테르	Methyl tert-butyl ether(MTBE)	$C_5H_{12}O$	50	-	-	-	[1634-04-4] 발암성 2
176	메틸 2-시아노아크릴레이트	Methyl 2-cyanoacrylate	$CH_2C(CN)COOCH_3$	2	-	4	-	[137-05-3]
177	2-메틸시클로펜타디에닐 망간트리카르보닐	2-Methylcyclopentadienyl manganese tricarbonyl, as Mn	$CH_3C_5H_5Mn(CO)_3$	-	0.2	-	-	[12108-13-3] Skin
178	메틸시클로헥사놀	Methylcyclohexanol	$C_7H_{14}O$	50	-	-	-	[25639-42-3]
179	메틸시클로헥산	Methylcyclohexane	$CH_3C_6H_{11}$	400	-	-	-	[108-87-2]
180	메틸실리케이트	Methyl silicate	$(CH_3O)_4Si$	1	-	-	-	[681-84-5]
181	메틸 아민	Methyl amine	CH_3NH_2	5	-	15	-	[74-89-5]
182	메틸 아밀알콜	Methyl amylalcohol	$(CH_3)_2CHCH_2CHOHCH_3$	25	-	40	-	[108-11-2] Skin
183	메틸 아세틸렌	Methyl acetylene	C_3H_4	1,000	-	1,250	-	[74-99-7]

일련번호	유해물질의 명칭		화학식	노출기준				비 고 (CAS번호 등)
				TWA		STEL		
	국문표기	영문표기		ppm	mg/m³	ppm	mg/m³	
184	메틸 아세틸렌 프로파디엔 혼합물	Methyl acetylene propadiene mixture(MAPP)	-	1,000	-	1,250	-	[59355-75-8]
185	메틸 아크릴레이트	Methyl acrylate	$CH_2CHCOOCH_3$	2	-	-	-	[96-33-3] Skin
186	메틸 아크릴로니트릴	Methyl acrylonitrile	CH_2CCH_3CN	1	-	-	-	[126-98-7] Skin
187	메틸알	Methylal	$CH_3OCH_2OCH_3$	디메톡시메탄 참조				
188	메틸 알코올	Methanol	CH_3OH	200	-	250	-	[67-56-1] Skin
189	메틸 에틸 케톤	Methyl ethyl ketone(M.E.K)	$CH_3COC_2H_5$	2-부타논 참조				
190	메틸 에틸 케톤 퍼옥사이드	Methyl ethyl ketone peroxide	$C_8H_{16}O_4/C_8H_{18}O_6$	-	-	C 0.2	-	[1338-23-4]
191	메틸 이소부틸 케톤	Methyl isobutyl ketone	$CH_3COCH_2CH(CH_3)_2$	헥손 참조				
192	메틸 이소시아네이트	Methyl isocyanate	CH_3NCO	0.02	-	-	-	[624-83-9] 생식독성 2, Skin
193	메틸 이소부틸 카르비놀	Methyl isobutyl carbinol	$(CH_3)_2CHCH_2CHOHCH_3$	메틸 아밀 알콜 참조				
194	메틸 이소아밀 케톤	Methyl isoamyl ketone	$CH_3COCH(C_2H_5)_2$	50	-	-	-	[110-12-3]
195	메틸 이소프로필 케톤	Methyl isopropyl ketone	$(CH_3)_2CH_3COCH$	200	-	-	-	[563-80-4]
196	메틸 클로라이드	Methyl chloride	CH_3Cl	50	-	100	-	[74-87-3] 발암성 2, Skin
197	메틸 클로로포름	Methyl chloroform	CH_3CCl_3	350	-	450	-	[71-55-6]
198	메틸 파라티온	Methyl parathion(Inhalable fraction and vapor)	$C_8H_{10}NO_5PS$	-	0.2	-	-	[298-00-0] Skin, 흡입성 및 증기
199	메틸 포메이트	Methyl formate	$HCOOCH_3$	100	-	150	-	[107-31-3]
200	메틸 프로필 케톤	Methyl propyl ketone	$CH_3COC_3H_7$	200	-	250	-	[107-87-9]
201	메틸 하이드라진	Methyl hydrazine	CH_3NHNH_2	0.01	-	-	-	[60-34-4] 발암성 2, Skin
202	5-메틸-3-헵타논	5-Methyl-3-heptanone	$C_8H_{16}O$	에틸 아밀 케톤 참조				
203	면분진	Cotton dust, raw	-	-	0.2	-	-	

일련번호	유해물질의 명칭		화학식	노출기준				비 고 (CAS번호 등)
	국문표기	영문표기		TWA		STEL		
				ppm	㎎/㎥	ppm	㎎/㎥	
204	모노크로토포스	Monocrotophos(Inhalable fraction and vapor)	$C_7H_{14}NO_5P$	-	0.05	-	-	[6923-22-4] 생식세포 변이원성 2, Skin, 흡입성 및 증기
205	모노클로로벤젠	Monochlorobenzene	C_6H_5Cl	클로로벤젠 참조				
206	모르폴린	Morpholine	C_4H_9ON	20	-	30	-	[110-91-8] Skin
207	목재분진(적삼목)	Wood dust(Western red cedar, Inhalable fraction)	-	-	0.5	-	-	흡입성, 발암성 1A
208	목재분진 (적삼목외 기타 모든 종)	Wood dust(All other species, Inhalable fraction)	-	-	1	-	-	흡입성, 발암성 1A
209	몰리브덴(불용성화합물)	Molybdenum(Insoluble compounds)(Inhalable fraction)	Mo	-	10	-	-	[7439-98-7] 흡입성
210	몰리브덴(불용성화합물)	Molybdenum (Insoluble compounds) (Respirable fraction)..	Mo	-	5	-	-	[7439-98-7] 호흡성
211	몰리브덴(수용성화합물)	Molybdeunum (Soluble compounds) (Respirable fraction)	Mo	-	0.5	-	-	[7439-98-7] 발암성 2, 호흡성
212	무수 말레산	Maleic anhydride	$(CHCO)_2O$	-	0.4	-	-	[108-31-6]
213	무수 초산	Acetic anhydride	$(CH_3CO)_2O$	1	-	3	-	[108-24-7]
214	무수 프탈산	Phthalic anhydride	$C_6H_4(CO)_2O$	1	-	-	-	[85-44-9]
215	바륨 및 그 가용성화합물	Barium and soluble compounds	Ba	-	0.5	-	-	[7440-39-3]
216	백금(가용성염)	Platinum(Soluble salts, as Pt)	$Na_2PtCl_6{\cdot}6H_2O/PtCl_4/(NH_4)_2PtCl_6$	-	0.002	-	-	[7440-06-4]
217	백금(금속)	Platinum(Metal)	Pt	-	1	-	-	[7440-06-4]
218	배노밀	Benomyl	$C_{14}H_{18}N_4O_3$	-	10	-	-	[17804-35-2] 발암성 2, 생식세포 변이원성 1B, 생식독성 1B
219	베릴륨 및 그 화합물	Beryllium & Compounds	Be	-	0.002	-	0.01	[7440-41-7] 발암성 1A, Skin
220	베타-나프틸아민	β-Naphthylamine	$C_{10}H_7NH_2$	-	-	-	-	[91-59-8] 발암성 1A

일련번호	유해물질의 명칭		화학식	노출기준				비 고 (CAS번호 등)
	국문표기	영문표기		TWA		STEL		
				ppm	mg/㎥	ppm	mg/㎥	
221	베타-클로로프렌	β-Chloroprene	$CH_2CClCHCH_2$	2-클로로-1, 3-부타디엔 참조				
222	베타-프로피오락톤	β-Propiolactone	$C_3H_4O_2$	0.5	-	-	-	[57-57-8] 발암성 1B
223	벤젠	Benzene	C_6H_6	0.5	-	2.5	-	[71-43-2] 발암성 1A, 생식세포 변이원성 1B, Skin
224	벤조일클로라이드	Benzoyl chloride	C_7H_5ClO	-	-	C 0.5	-	[98-88-4] 발암성 1B
225	벤조트리클로라이드	Benzotrichloride	$C_7H_5Cl_3$	-	-	C 0.1	-	[98-07-7] 발암성 1B, Skin
226	벤조 피렌	Benzo(a) pyrene	$C_{20}H_{12}$	-	-	-	-	[50-32-8] 발암성 1A, 생식세포 변이원성 1B, 생식독성 1B
227	벤지딘	Benzidine	$NH_2C_6H_4C_6H_4NH_2$	-	-	-	-	[92-87-5] 발암성 1A, Skin
228	2-부타논	2-Butanone	$CH_3COC_2H_5$	200	-	300	-	[78-93-3]
229	1,3-부타디엔	1,3-Butadiene	$CH_2CHCHCH_2$	2	-	10	-	[106-99-0] 발암성 1A, 생식세포 변이원성 1B
230	부탄	Butane	$CH_3(CH_2)_2CH_3$	800	-	-	-	[75-28-5][106-97-8] 발암성 1A, 생식세포 변이원성 1B (부타디엔 0.1% 이상인 경우에 한정함)
231	2-부톡시에탄올	2-Butoxyethanol	$C_4H_9OCH_2CH_2OH$	20	-	-	-	[111-76-2] 발암성 2, Skin
232	부탄에티올	Butanethiol	$CH_3CH_2CH_2CH_2SH$	0.5	-	-	-	[109-79-5]
233	부틸 멀캡탄	Butyl mercaptan	$CH_3CH_2CH_2CH_2SH$	Butanethiol 참조				
234	부틸아민	Butylamine	$C_4H_9NH_2$			C 5	-	[109-73-9] Skin
235	이차-부틸알코올	sec-Butyl alcohol(2-Butanol)	$CH_3CHOHCH_2CH_3$	100	-	150	-	[78-92-2]
236	삼차-부틸알코올	tert-Butyl alcohol	$(CH_3)_3COH$	100	-	150	-	[75-65-0]
237	불소	Fluorine	F_2	0.1	-	-	-	[7782-41-4]
238	불화수소	Hydrogen fluoride, as F	HF	0.5	-	C 3	-	[7664-39-3] Skin

일련번호	유해물질의 명칭		화학식	노출기준				비 고 (CAS번호 등)
	국문표기	영문표기		TWA		STEL		
				ppm	mg/㎥	ppm	mg/㎥	
239	붕소산 사나트륨염 (무수물)	Borates tetrasodium salts (Anhydrous)	$Na_2B_4O_7$	-	1	-	-	[1330-43-4] 생식독성 1B
240	붕소산 사나트륨염 (오수화물)	Borates tetrasodium salts (Pentahydrate)	$Na_2B_4O_7 \cdot 5H_2O$	-	1	-	-	[12179-04-3] 생식독성 1B
241	붕소산 사나트륨염 (십수화물)	Borates tetrasodium salts (Decahydrate)	$Na_2B_4O_7 \cdot 10H_2O$	-	5	-	-	[1303-96-4] 생식독성 1B
242	브로마실	Bromacil	$C_9H_{13}BrN_2O_2$	-	10	-	-	[314-40-9] 발암성 2
243	브로모클로로메탄	Bromochloromethane	CH_2BrCl	200	-	250	-	[74-97-5]
244	브로모포름	Bromoform	$CHBr_3$	0.5	-	-	-	[75-25-2] 발암성 2, Skin
245	1-브로모프로판	1-Bromopropane	$CH_3CH_2CH_2Br$	25	-	-	-	[106-94-5] 발암성 2, 생식독성 1B
246	2-브로모프로판	2-Bromopropane	$(CH_3)_2CHBr$	1	-	-	-	[75-26-3] 생식독성 1A
247	브롬	Bromine	Br_2	0.1	-	0.3	-	[7726-95-6]
248	브롬화 메틸	Methyl bromide	CH_3Br	1	-	-	-	[74-83-9] 생식세포 변이원성 2, Skin
249	브롬화 비닐	Vinyl bromide	C_2H_3Br	0.5	-	-	-	[593-60-2] 발암성 1B
250	브롬화 수소	Hydrogen bromide	HBr			C 2	-	[10035-10-6]
251	브롬화 에틸	Ethyl bromide	C_2H_5Br	5	-	-	-	[74-96-4] 발암성 2, Skin
252	브이엠 및 피 나프타	VM & P Naphtha	-	300	-	-	-	[8032-32-4] 발암성 1B, 생식세포 변이원성 1B (벤젠 0.1% 이상인 경우에 한정함)
253	비닐 벤젠	Vinyl benzene	$C_6H_5CHCH_2$	페닐에틸렌 참조				
254	비닐 시클로헥센디옥사이드	Vinyl cyclohexenedioxide	$C_8H_{12}O_2$	0.1	-	-	-	[106-87-6] 발암성 2, Skin
255	비닐 아세테이트	Vinyl acetate	$CH_3COOCHCH_2$	10	-	15	-	[108-05-4] 발암성 2
256	비닐 톨루엔	Vinyl toluene	$CH_3C_6H_4CHCH_2$	50	-	-	-	[25013-15-4]
257	비소 및 그 무기화합물	Arsenic & inorganic compounds, as As	As	-	0.01	-	-	[7440-38-2] 발암성 1A
258	비스-(클로로메틸)에테르	bis-(Chloromethyl)ether	$O(CH_2Cl)_2$	0.001	-	-	-	[542-88-1] 발암성 1A
259	비페닐	Biphenyl	$C_{12}H_{10}$	0.2	-	-	-	[92-52-4]

일련번호	유해물질의 명칭		화학식	노출기준				비 고 (CAS번호 등)
	국문표기	영문표기		TWA		STEL		
				ppm	mg/m³	ppm	mg/m³	
260	사브롬화 아세틸렌	Acetylene tetrabromide	$CHBr_2CHBr_2$	1	-	-	-	[79-27-6]
261	사브롬화 탄소	Carbon tetrabromide	CBr_4	0.1	-	0.3	-	[558-13-4]
262	사산화 오스뮴	Osmium tetroxide, as Os	OsO_4	0.0002	-	0.0006	-	[20816-12-0]
263	사염화탄소	Carbon tetrachloride	CCl_4	5	-	-	-	[56-23-5] 발암성 1B, Skin
264	산화규소(결정체 석영)	Silica(Crystalline quartz) (Respirable fraction)	SiO_2	-	0.05	-	-	[14808-60-7] 발암성 1A, 호흡성
265	산화규소 (결정체 크리스토바라이트)	Silica(Crystalline cristobalite) (Respirable fraction)	SiO_2	-	0.05	-	-	[14464-46-1] 발암성 1A, 호흡성
266	산화규소 (결정체 트리디마이트)	Silica(Crystalline tridymite) (Respirable fraction)	SiO_2	-	0.05	-	-	[15468-32-3] 발암성 1A, 호흡성
267	산화규소 (결정체 트리폴리)	Silica(Crystalline tripoli) (Respirable fraction)	SiO_2	-	0.1	-	-	[1317-95-9] 발암성 1A, 호흡성
268	산화규소 (비결정체 규소, 용융된)	Silica(Amorphous silica, fused) (Respirable fraction)	SiO_2	-	0.1	-	-	[60676-86-0] 호흡성
269	산화규소 (비결정체 규조토)	Silica (Amorphous diatomaceous earth)	SiO_2	-	10	-	-	[61790-53-2]
270	산화규소 (비결정체 침전된 규소)	Silica (Amorphous precipitated silica)	SiO_2	-	10	-	-	[112926-00-8]
271	산화규소(비결정체 실리카겔)	Silica(Amorphous silicagel)	SiO_2	-	10	-	-	[112926-00-8]
272	산화마그네슘	Magnesium oxide(Inhalable fraction)	MgO	-	10	-	-	[1309-48-4] 흡입성
273	산화 메시틸	Mesityl oxide	$CH_3COCHC(CH_3)_2$	15	-	25	-	[141-79-7]
274	산화 붕소	Boron oxide	B_2O_3	-	10	-	-	[1303-86-2] 생식독성 1B
275	산화아연 분진	Zinc oxide(Respirable fraction)	ZnO	-	2	-	-	[1314-13-2] 호흡성
276	산화아연	Zinc oxide	ZnO	-	5	-	10	[1314-13-2]
277	산화 알루미늄	Aluminum oxide	Al_2O_3	알파-알루미나 참조				

일련번호	유해물질의 명칭		화학식	노출기준				비 고 (CAS번호 등)
	국문표기	영문표기		TWA		STEL		
				ppm	mg/m³	ppm	mg/m³	
278	산화 에틸렌	Ethylene oxide	$(CH_2)_2O$	1	-	-	-	[75-21-8] 발암성 1A, 생식세포 변이원성 1B
279	산화주석 및 무기화합물	Tin oxide & Inorganic compounds except SnH_4, as Sn	$Sn/SnCl_2/SnCl_4/SnSO_4/K_2SnO_3 \cdot 3H_2O$	-	2	-	-	[7440-31-5] Skin
280	산화철	Iron oxide, as Fe,	Fe_2O_3	-	5	-	-	[1309-37-1]
281	산화철(흄)	Iron oxide(Fume, as Fe)	Fe_2O_3	-	5	-	-	[1309-37-1]
282	산화칼슘	Calcium oxide	CaO	-	2	-	-	[1305-78-8]
283	산화프로필렌	Propylene oxide	CH_3CHOCH_2	1, 2-에폭시프로판 참조				
284	삼차부틸크롬산	tert-Butyl chromate, as CrO_3	$[(CH_3)_3CO]_2CrO_2$	-	-	-	C 0.1	[1189-85-1] 발암성 1A, Skin
285	삼불화붕소	Boron trifluoride	BF_3	-	-	C 1	-	[7637-07-2]
286	삼불화염소	Chlorine trifluoride	ClF_3	-	-	C 0.1	-	[7790-91-2]
287	삼불화질소	Nitrogen trifluoride	NF_3	10	-			[7783-54-2]
288	삼브롬화붕소	Boron tribromide	BBr_3	-	-	C 1	-	[10294-33-4]
289	삼산화 안티몬 (취급 및 사용물)	Antimony trioxide (Handling & use, as Sb)	Sb_2O_3	-	0.5	-	-	[1309-64-4] 발암성 2
290	삼산화 안티몬(생산)	Antimony trioxide(Production)	Sb_2O_3	-	-	-	-	[1309-64-4] 발암성 1B
291	삼수소화 비소	Arsine	AsH_3	0.005	-	-	-	[7784-42-1]
292	석고	Gypsum	$CaSO_4 \cdot 2H_2O$	-	10	-	-	[13397-24-5]
293	석면(모든 형태)	Asbestos(All forms)	-	-	0.1개/㎤	-	-	발암성 1A
294	석탄분진	Coal dust(Respirable fraction)	-	-	1	-	-	호흡성
295	석회석	Lime stone	-	-	10	-	-	
296	설퍼릴 플루오라이드	Sulfuryl fluoride	SO_2F_2	5	-	10	-	[2699-79-8]
297	설퍼 모노클로라이드	Sulfur monochloride	S_2Cl_2	-	-	C 1	-	[10025-67-9]
298	설퍼 테트라플루오라이드	Sulfur tetrafluoride	SF_4	-	-	C 0.1	-	[7783-60-0]

일련번호	유해물질의 명칭		화학식	노출기준				비 고 (CAS번호 등)
	국문표기	영문표기		TWA		STEL		
				ppm	mg/㎥	ppm	mg/㎥	
299	설퍼 펜타플루오라이드	Sulfur pentafluoride	S_2F_{10}	-	-	C 0.01	-	[5714-22-7]
300	설포텝	Sulfotep	$(C_2H_5)_4P_2S_2O_5$	-	0.2	-	-	[3689-24-5] Skin
301	설프로포스	Sulprofos	$C_{12}H_{19}O_2PS_3$	-	1	-	-	[35400-43-2], Skin
302	세손	Sesone	$C_8H_7Cl_2NaO_5S$	-	10	-	-	[136-78-7]
303	세슘하이드록시드	Cesium hydroxide	CsOH	-	2	-	-	[21351-79-1]
304	셀레늄 및 그 화합물	Selenium and compounds	$Se/Na_2SeO_3/Na_2SeO_4/SeO_2SeOCl_2$	-	0.2	-	-	[7782-49-2]
305	셀루로우즈	Cellulose(paper fiber)	$(C_6H_{10}O_5)n$	-	10	-	-	[9004-34-6]
306	소디움 2,4-디클로로페녹시에틸 설페이트	Sodium 2,4-dichlorophenoxyethylsulfate	$C_8H_7Cl_2NaO_5S$	세손 참조				
307	소디움 메타바이설파이트	Sodium metabisulfite	$Na_2S_2O_5$	-	5	-	-	[7681-57-4]
308	소디움 비설파이트	Sodium bisulfite	$NaHSO_3$	-	5	-	-	[7631-90-5]
309	소디움 아지이드	Sodium azide	NaN_3	-	-	-	C 0.29	[26628-22-8]
310	소디움 플루오로아세테이트	Sodium fluoroacetate	$CH_2FCOONa$	-	0.05	-	0.15	[62-74-8] Skin
311	소석고	Plaster of Paris	-	-	10	-	-	[10034-76-1]
312	소우프스톤	Soapstone	$3MgO{\cdot}4SiO_2{\cdot}H_2O$	-	6	-	-	[14807-96-6]
313	소우프스톤	Soapstone(Respirable fraction)	$3MgO{\cdot}4SiO_2{\cdot}H_2O$	-	3	-	-	[14807-96-6] 호흡성
314	수산화나트륨	Sodium hydroxide	NaOH	-	-	-	C 2	[1310-73-2]
315	수산화 칼륨	Potassium hydroxide	KOH	-	-	-	C 2	[1310-58-3]
316	수산화 칼슘	Calcium hydroxide	$Ca(OH)_2$	-	5	-	-	[1305-62-0]
317	수은(아릴화합물)	Mercury(Aryl compounds)	Hg	-	0.1	-	-	[7439-97-6] Skin
318	수은 및 무기형태 (아릴 및 알킬 화합물 제외)	Mercury elemental and inorganic form(All forms except aryl & alkyl compounds)	Hg	-	0.025	-	-	[7439-97-6] 생식독성 1B, Skin

일련번호	유해물질의 명칭		화학식	노출기준				비 고 (CAS번호 등)
	국문표기	영문표기		TWA		STEL		
				ppm	mg/㎥	ppm	mg/㎥	
319	수은(알킬화합물)	Mercury(Alkyl compounds)	Hg	-	0.01	-	0.03	[7439-97-6] Skin
320	스토다드 용제	Stoddard solvent	C_9 ~ C_{11} paraffn(85%) + aromatics(15%)	100	-	-	-	[8052-41-3] 발암성 1B, 생식세포 변이원성 1B (벤젠 0.1% 이상인 경우에 한정함)
321	스트론티움크로메이트	Strontium chromate	$C_2H_2O_4$·Sr	-	0.0005	-	-	[7789-06-2] 발암성 1A
322	스트리치닌	Strychnine	$C_{21}H_{22}N_2O_2$	-	0.15	-	-	[57-24-9]
323	스티렌	Styrene	$C_6H_5CHCH_2$	페닐에틸렌 참조				
324	스티빈	Stibine	SbH_3	0.1	-	-	-	[7803-52-3]
325	시스톡스	Systox	$(C_2H_5O)_2PSOC_2H_4SC_2H_5$	데미톤 참조				
326	시아노겐	Cyanogen	$(CN)_2$	10	-	-	-	[460-19-5]
327	시안아미드	Cyanamide	H_2NCN	-	2	-	-	[420-04-2]
328	시안화 나트륨	Sodium cyanide	NaCN	-	3	-	5	[143-33-9]
329	시안화 비닐	Vinyl cyanide	CH_2CHCN	아크릴로니트릴 참조				
330	시안화 수소	Hydrogen cyanide	HCN	-	-	C 4.7	-	[74-90-8] Skin
331	시안화 칼륨	Potassium cyanide	KCN	시안화합물 참조				
332	시안화합물	Cyanides, as CN	KCN/NaCN/Ca(CN)2	-	5	-	-	[143-33-9][151-50-8][592-01-8] Skin
333	시클로나이트	Cyclonite	$C_3H_6N_6O_6$	-	0.5	-	-	[121-82-4] Skin
334	시클로펜타디엔	Cyclopentadiene	C_5H_6	75	-	-	-	[542-92-7]
335	시클로펜탄	Cyclopentane	C_5H_{10}	600	-	-	-	[287-92-3]
336	시클로헥사논	Cyclohexanone	$C_6H_{11}O$	25	-	50	-	[108-94-1] 발암성 2, Skin
337	시클로헥사놀	Cyclohexanol	$C_6H_{11}OH$	50	-	-	-	[108-93-0] Skin
338	시클로헥산	Cyclohexane	C_6H_{12}	200	-	-	-	[110-82-7]
339	시클로헥센	Cyclohexene	C_6H_{10}	300	-	-	-	[110-83-8]
340	시클로헥실아민	Cyclohexylamine	$C_6H_{11}NH_2$	10	-	-	-	[108-91-8] 생식독성 2
341	시헥사틴	Cyhexatin	$C_{18}H_{34}OSn$	-	5	-	-	[13121-70-5]

일련번호	유해물질의 명칭		화학식	노출기준				비 고 (CAS번호 등)
	국문표기	영문표기		TWA		STEL		
				ppm	mg/m³	ppm	mg/m³	
342	실레인	Silane	SiH_4	5	-	-	-	[7803-62-5]
343	실리콘	Silicon	Si	-	10	-	-	[7440-21-3]
344	실리콘 카바이드	Silicon carbide	SiC	-	10	-	-	[409-21-2] 발암성 1B [섬유상(수염형태 결정 포함) 물질에 한정함]
345	실리콘 테트라하이드라이드	Silicon tetrahydride	SiH_4	실레인 참조				
346	아니시딘 (오쏘, 파라-이성체)	Anisidine(o, p-isomers)	$NH_2C_6H_4OCH_3$	-	0.5	-	-	[29191-52-4] Skin
347	아닐린과 아닐린 동족체	Aniline & homologues	$C_6H_5NH_2$	2	10	-	-	[62-53-3] 발암성 2, 생식세포 변이원성 2, Skin
348	4-아미노디페닐	4-Aminodiphenyl	$C_6H_5C_6H_4NH_2$	-	-	-	-	[92-67-1] 발암성 1A, Skin
349	2-아미노에탄올	2-Aminoethanol	$HOCH_2CH_2NH_2$	3	-	6	-	[141-43-5]
350	3-아미노-1,2,4-트리아졸 (또는 아미트롤)	3-Amino-1,2,4-triazole (or Amitrole)	-	-	0.2	-	-	[61-82-5] 발암성 2, 생식독성 2
351	2-아미노피리딘	2-Aminopyridine	$NH_2C_5H_4N$	0.5	-	-	-	[504-29-0]
352	아세네이트 연	Lead arsenate, as $Pb(AsO_4)_2$	Pb_3HAsO_4	-	0.05	-	-	[7784-40-9] 발암성 1A, 생식독성 1A
353	아세토니트릴	Acetonitrile	CH_3CN	20	-	-	-	[75-05-8] Skin
354	아세톤	Acetone	CH_3COCH_3	500	-	750	-	[67-64-1]
355	아세트알데히드	Acetaldehyde	CH_3CHO	50	-	150	-	[75-07-0] 발암성 1B
356	아세틸살리실산	Acetylsalicylic acid(Aspirin)	$C_9H_8O_4$	-	5	-	-	[50-78-2]
357	아스팔트 흄 (벤젠 추출물)	Asphalt(Bitumen)fumes (as benzene soluble aerosol)	-	-	0.5	-	-	[8052-42-4] 발암성 2
358	아연 스테아린산	Zinc stearate	$Zn(C_{18}H_{35}O_2)_2$	-	10	-	-	[557-05-1]
359	아진포스 메틸	methyl(Inhalable fraction and vapor)	$C_{10}H_{12}N_3O_3PS_2$	-	0.2	-	-	[86-50-0] Skin, 흡입성 및 증기
360	아크로레인	Acrolein	CH_2CHCHO	0.1	-	0.3	-	[107-02-8]
361	아크릴로니트릴	Acrylonitrile	CH_2CHCN	2	-	-	-	[107-13-1] 발암성 1B, Skin

일련번호	유해물질의 명칭		화학식	노출기준				비 고 (CAS번호 등)
	국문표기	영문표기		TWA		STEL		
				ppm	mg/m³	ppm	mg/m³	
362	아크릴 산	Acrylic acid	$CH_2CHCOOH$	2	-	-	-	[79-10-7]
363	아크릴아미드	Acrylamide(Inhalable fraction and vapor)	$CH_2CHCONH_2$	-	0.03	-	-	[79-06-1] 발암성 1B, 생식세포 변이원성 1B, 생식독성 2, Skin, 흡입성 및 증기
364	아트라진	Atrazine	$C_8H_{14}ClN_5$	-	5	-	-	[1912-24-9] 발암성 2
365	아황화니켈	Nickel subsulfide(Inhalable fraction and vapor)	Ni_3S_2	-	0.1	-	-	[12035-72-2] 발암성 1A, 생식세포 변이원성 2, 흡입성 및 증기
366	안티몬과 그 화합물	Antimony & compounds, as Sb	Sb	-	0.5	-	-	[7440-36-0]
367	알드린	Aldrin	$Cl_2H_8Cl_6$	-	0.25	-	-	[309-00-2] 발암성 2, Skin
368	알루미늄(가용성 염)	Aluminum(Soluble salts)	Al	-	2	-	-	[7429-90-5]
369	알루미늄(금속분진)	Aluminum(Metal dust)	Al	-	10	-	-	[7429-90-5]
370	알루미늄(알킬)	Aluminum(Alkyls)	Al	-	2	-	-	[7429-90-5]
371	알루미늄(용접 흄)	Aluminum(Welding fumes)	Al	-	5	-	-	[7429-90-5]
372	알루미늄(피로파우더)	Aluminum(Pyropowders)	Al	-	5	-	-	[7429-90-5]
373	알릴글리시딜에테르	Allyl glycidyl ether(AGE)	$CH_2CHCH_2OC_3H_5O$	1	-	-	-	[106-92-3] 발암성 2, 생식세포 변이원성 2, 생식독성 2, Skin
374	알릴 알코올	Allyl alcohol	CH_2CHCH_2OH	0.5	-	4	-	[107-18-6] Skin
375	알릴프로필 디설파이드	Allylpropyl disulfide	$CH_2CHCH_2S_2C_3H_7$	0.5	-	-	-	[2179-59-1]
376	알파나프틸아민	α-Naphthyl amine	$C_{10}H_7NH_2$	-	0.006	-	-	[134-32-7] 발암성 2
377	알파-나프틸티오우레아	α-Naphthylthiourea(ANTU)	$C_{11}H_{10}N_2S$	-	0.3	-	-	[86-88-4] 발암성 2, Skin
378	알파-메틸 스티렌	α-Methyl styrene	$C_6H_5C(CH_3)=CH_2/C_9H_{10}$	50	-	100	-	[98-83-9] 발암성 2
379	알파-알루미나	α-Alumina	Al_2O_3	-	10	-	-	[1344-28-1]
380	알파-클로로아세토페논	α-Chloroacetophenone	$C_6H_5COCH_2Cl$	0.05	-	-	-	[532-27-4]
381	암모늄 설파메이트	Ammonium sulfamate	$NH_2SO_3NH_4$	-	10	-	-	[7773-06-0]

일련번호	유해물질의 명칭		화학식	노출기준				비 고 (CAS번호 등)
	국문표기	영문표기		TWA		STEL		
				ppm	mg/㎥	ppm	mg/㎥	
382	암모니아	Ammonia	NH_3	25	-	35	-	[7664-41-7]
383	액화 석유가스	L.P.G(Liquified petroleum gas)	$C_3H_6/C_3H_8/C_4H_8/C_4H_{10}$	1,000	-	-	-	[68476-85-7] 발암성 1A, 생식세포 변이원성 1B (부타디엔 0.1%이상인 경우에 한정함)
384	에머리	Emery	-	-	10	-	-	[1302-74-5]
385	에탄 에티올	Ethanethiol	C_2H_5SH	0.5	-	-	-	[75-08-1]
386	에탄올	Ethanol	C_2H_5OH	에틸 알코올 참조				
387	에탄올아민	Ethanolamine	$HOCH_2CH_2NH_2$	2-아미노에탄올 참조				
388	2-에톡시에탄올	2-Ethoxyethanol	$C_2H_5OCH_2CH_2OH$	5	-	-	-	[110-80-5] 생식독성 1B, Skin
389	2-에톡시에틸아세테이트	2-Ethoxyethyl acetate	$C_2H_5OCH_2CH_5OCOCH_3$	5	-	-	-	[111-15-9] 생식독성 1B, Skin
390	에티온	Ethion	$C_9H_2O_4P_2S_2$	-	0.4	-	-	[563-12-2] Skin
391	에틸렌 글리콜 디니트레이트	Ethylene glycol dinitrate	$(CH_2NO_3)_2$	0.05	-	-	-	[628-96-6] Skin
392	에틸렌글리콜모노부틸에테르아세테이트	Ethyleneglycol monobutyl etheracetate	$C_4H_9OCH_2OO-CH_3$	20	-	-	-	[112-07-2] 발암성 2
393	에틸렌 글리콜메틸에테르 아세테이트	Ethylene glycol methyl ether acetate	$CH_3COOCH_2CH_2OCH_3$	5	-	-	-	[110-49-6] 생식독성 1B, Skin
394	에틸렌 글리콜(증기 및 미스트)	Ethylene glycol(Vapor and mist)	CH_2OHCH_2OH	-	-	-	C 100	[107-21-1]
395	에틸렌디아민	Ethylenediamine	CH_2BrCH_2Br	1,2-디아미노에탄 참조				
396	에틸렌이민	Ethylenimine	$(CH_2)_2NH$	0.5	-	-	-	[151-56-4] 발암성 1B, 생식세포 변이원성 1B, Skin
397	에틸렌 클로로하이드린	Ethylene chlorohydrin	CH_3ClCH_2OH	2-클로로에탄올 참조				
398	에틸리덴 노보르닌	Ethylidene norbornene	C_9H_{12}	-	-	C 5	-	[16219-75-3]
399	에틸 멀캡탄	Ethyl mercaptan	C_2H_5SH	에탄에티올 참조				
400	에틸 벤젠	Ethyl benzene	$C_2H_5C_6H_5$	100	-	125	-	[100-41-4] 발암성 2
401	에틸 부틸 케톤	Ethyl butyl ketone	$C_2H_5COC_4H_9$	50	-	-	-	[106-35-4]

일련번호	유해물질의 명칭		화학식	노출기준				비 고 (CAS번호 등)
				TWA		STEL		
	국문표기	영문표기		ppm	mg/m³	ppm	mg/m³	
402	에틸 실리케이트	Ethyl silicate	$(C_2H_5O)Si/(CH_2H_5)_4SiO_4$	10	-	-	-	[78-10-4]
403	에틸 아민	Ethyl amine	$C_2H_5NH_2$	5	-	15	-	[75-04-7] Skin
404	에틸 아밀 케톤	Ethyl amyl ketone	$C_8H_{16}O$	25	-	-	-	[541-85-5]
405	에틸 아크릴레이트	Ethyl acrylate	$CH_2CHCOOC_2H_5$	5	-	-	-	[140-88-5] 발암성 2
406	에틸 알코올	Ethyl alcohol	C_2H_5OH	1,000	-	-	-	[64-17-5] 발암성 1A(알코올 음주에 한정함)
407	에틸 에테르	Ethyl ether	$C_2H_5OC_2H_5$	디에틸 에테르 참조				
408	1,2-에폭시프로판	1,2-Epoxypropane	CH_3CHOCH_2	2	-	-	-	[75-56-9] 발암성 1B, 생식세포 변이원성 1B
409	2,3-에폭시-1-프로판올	2,3-Epoxy-1-propanol	$C_3H_6O_2$	2	-	-	-	[556-52-5] 발암성 1B, 생식세포 변이원성 2, 생식독성 1B
410	에피클로로히드린	Epichlorohydrin	C_3H_5OCl	0.5	-	-	-	[106-89-8] 발암성 1B
411	엔도설판	Endosulfan(Inhalable fraction and vapor)	$C_9H_6Cl_6O_3S$	-	0.1	-	-	[115-29-7] Skin, 흡입성 및 증기
412	엔드린	Endrin	$C_{12}H_8Cl_6O$	-	0.1	-	-	[72-20-8] Skin
413	염소	Chlorine	Cl_2	0.5	-	1	3	[7782-50-5]
414	염소화 비닐리덴	Vinylidene chloride	CH_2CCl_2	1,1-디클로로에틸렌 참조				
415	염소화 산화디페닐	Chlorinated diphenyloxide	$C_{12}H_4Cl_6O$	-	0.5	-	2	[55720-99-5]
416	염소화 캄펜	Chlorinated camphene	$C_{10}H_{10}Cl_8$	-	0.5	-	1	[8001-35-2] 발암성 2, Skin
417	염화 메틸렌	Methylene chloride	CH_2Cl_2	디클로로메탄 참조				
418	염화 벤질	Benzyl chloride	$C_6H_5CH_2Cl$	1	-	-	-	[100-44-7] 발암성 1B
419	염화 비닐	Vinyl chloride	CH_2CHCl	클로로에틸렌 참조				
420	염화 수소	Hydrogen chloride	HCl	1	-	2	-	[7647-01-0]
421	염화 시아노겐	Cyanogen chloride	CClN	-	-	C 0.3	-	[506-77-4]
422	염화 아연 흄	Zinc chloride fume	$ZnCl_2$	-	1	-	2	[7646-85-7]
423	염화 알릴	Allyl chloride	CH_2CHCH_2Cl	1	-	2	-	[107-05-1] 발암성 2, 생식세포 변이원성 2, Skin

일련번호	유해물질의 명칭		화학식	노출기준				비 고 (CAS번호 등)
	국문표기	영문표기		TWA		STEL		
				ppm	mg/㎥	ppm	mg/㎥	
424	염화 암모늄 흄	Ammonium chloride fume	NH_4Cl	-	10	-	20	[12125-02-9]
425	염화 에틸	Ethyl chloride	C_2H_5Cl	1,000	-	-	-	[75-00-3] 발암성 2, Skin
426	염화 에틸리덴	Ethylidene chloride	CH_3CHCl_2	1,1-디클로로에탄 참조				
427	염화 티오닐	Thionyl chloride	$SOCl_2$	-	-	C 0.2	-	[7719-09-7]
428	오쏘-이차-부틸페놀	o-sec-Butylphenol	$C_2H_5(CH_3)CHC_6H_4OH$	5	-	-	-	[89-72-5] Skin
429	오쏘-디클로로벤젠	o-Dichlorobenzene	$C_6H_4Cl_2$	25	-	50	-	[95-50-1]
430	오쏘-메틸시클로헥사논	o-Methylcyclohexanone	$C_7H_{12}O$	50	-	75	-	[583-60-8] Skin
431	오쏘-클로로벤질리덴 말로노니트릴	o-Chlorobenzylidene malononitrile	$ClC_6H_4CHC(CN)_2$	-	-	C 0.05	-	[2698-41-1] Skin
432	오쏘-클로로스티렌	o-Chlorostyrene	C_8H_7Cl	50	-	75	-	[2039-87-4]
433	오쏘-클로로톨루엔	o-Chlorotoluene	$C_6H_4CH_3Cl$	50	-	75	-	[95-49-8]
434	오쏘-톨루이딘	o-Toluidine	$CH_3C_6H_4NH_2$	2	-	-	-	[95-53-4] 발암성 1A, Skin
435	오쏘-톨리딘	o-Tolidine	$(CH_3C_6H_3NH_2)_2$	-	-	-	-	[119-93-7] 발암성 1B, Skin
436	오불화 브롬	Bromine pentafluoride	BrF_5	0.1	-	-	-	[7789-30-2]
437	오산화바나듐	Vanadium pentoxide (Respirable fraction or fume)(Inhalable fraction)	V_2O_5	-	0.05	-	-	[1314-62-1] 발암성 2, 생식세포 변이원성 2, 생식독성 2, 호흡성 및 흄, 흡입성
438	오카르보닐 철 (펜타카르보닐철)	Iron pentacarbonyl, as Fe	$Fe(CO)_5$	0.1	-	0.2	-	[13463-40-6]
439	오존	Ozone	O_3	0.08	-	0.2	-	[10028-15-6]
440	옥살산	Oxalic acid	$HOOCCOOH \cdot 2H_2O$	-	1	-	2	[144-62-7]
441	옥타클로로나프탈렌	Octachloronaphthalene	$C_{10}Cl_8$	-	0.1	-	0.3	[2234-13-1] Skin
442	옥탄	Octane	C_8H_{18}	300	-	375	-	[111-65-9]
443	와파린	Warfarin	$C_{19}H_{16}O_4$	-	0.1	-	-	[81-81-2] 생식독성 1A

일련번호	유해물질의 명칭		화학식	노출기준				비 고 (CAS번호 등)
				TWA		STEL		
	국문표기	영문표기		ppm	mg/m³	ppm	mg/m³	
444	요오드 및 요오드화물	Iodine and iodides(Inhalable fraction and vapor)	I_2	0.01	-	0.1	-	[7553-56-2] 흡입성 및 증기
445	요오드포름	Iodoform	CHI_3	0.6	-	-	-	[75-47-8]
446	요오드화 메틸	Methyl iodide	CH_3I	2	-	-	-	[74-88-4] 발암성 2, Skin
447	용접 흄 및 분진	Welding fumes and dust	-	-	5	-	-	발암성 2
448	우라늄 (가용성 및 불용성 화합물)	Uranium(Soluble & insoluble compounds, as U)	$U/U_3O_8/UF_4/UH_3/UF_6/UO_2(NO_3)_2\cdot 6H_2O/UO_2SO_4\cdot 3H_2O$	-	0.2	-	0.6	[7440-61-1] 발암성 1A
449	운모	Mica(Respirable fraction)	-	-	3	-	-	[12001-26-2] 호흡성
450	유리 섬유 분진	Fibrous glass dust	-	-	5	-	-	
451	육불화 셀레늄	Selenium hexafluoride, as Se	SeF_6	0.05	-	-	-	[7783-79-1]
452	육불화 텔레늄	Tellurium hexafluoride, as Te	TeF_6	0.02	-	-	-	[7783-80-4]
453	육불화 황	Sulfur hexafluoride	SF_6	1,000	-	-	-	[2551-62-4]
454	은(가용성 화합물)	Silver(Soluble compounds, as Ag)	$AgNO_3/AgF$	-	0.01	-	-	[7440-22-4]
455	은(금속, 분진 및 흄)	Silver(Metal, dust and fume)	Ag	-	0.1	-	-	[7440-22-4]
456	이불화산소	Oxygen difluoride	OF_2	-	-	C 0.05	-	[7783-41-7]
457	이브롬화 에틸렌	Etylene dibromide	$NH_2CH_2CH_2NH_2$	1,2-디브로모에탄 참조				
458	이산화염소	Chlorine dioxide	ClO_2	0.1	-	0.3	-	[10049-04-4]
459	이산화질소	Nitrogen dioxide	NO_2/N_2O_4	3	-	5	-	[10102-44-0]
460	이산화탄소	Carbon dioxide	CO_2	5,000	-	30,000	-	[124-38-9]
461	이산화티타늄	Titanium dioxide	TiO_2	-	10	-	-	[13463-67-7] 발암성 2
462	이산화 황	Sulfur dioxide	SO_2	2	-	5	-	[7446-09-5]
463	이소부틸 알코올	Isobutyl alcohol	$(CH_3)_2CHCH_2OH$	50	-	-	-	[78-83-1]

일련번호	유해물질의 명칭		화학식	노출기준				비 고 (CAS번호 등)
	국문표기	영문표기		TWA		STEL		
				ppm	mg/m³	ppm	mg/m³	
464	이소아밀 알코올	Isoamyl alcohol	$(CH_3)_2CHCH_2OH$	100	-	125	-	[123-51-3]
465	이소옥틸 알코올	Isooctyl alcohol	$C_7H_{15}CH_2OH$	50	-	-	-	[26952-21-6] Skin
466	이소포론	Isophorone	$C_9H_{14}O$	-	-	C 5	-	[78-59-1] 발암성 2
467	이소포론 디이소시아네이트	Isophorone diisocyanate	$C_{12}H_{18}N_2O_2$	0.005	-	-	-	[4098-71-9] Skin
468	이소프로폭시에탄올	Isopropoxyethanol	$(CH_3)_2CHOCH_2CH_2OH$	25	-	-	-	[109-59-1]
469	이소프로필 글리시딜 에테르	Isopropyl glycidyl ether(IGE)	$C_6H_{12}O_2$	50	-	75	-	[4016-14-2]
470	이소프로필아민	Isopropylamine	$(CH_3)_2CHNH_3$	5	-	10	-	[75-31-0]
471	이소프로필 알코올	Isopropyl alcohol	$CH_3CHOHCH_3$	200	-	400	-	[67-63-0]
472	이소프로필 에테르	Isopropyl ether	$[(CH_3)_2CH]_2O$	250	-	310	-	[108-20-3]
473	이염화아세틸렌	Acetylene dichloride	CHClCHCl	200	-	-	-	[540-59-0]
474	이염화 에틸렌	Ethylene dichloride	ClCHCHCl	1,2-디클로로에탄 참조				
475	이트리움(금속 및 화합물)	Yttrium(Metal & compounds, as Y)	$Y/Y(NO_3)_3 \cdot 6H_2O/YCl_3/Y_2O_3$	-	1	-	-	[7440-65-5]
476	이피엔	EPN(Inhalable fraction)	$C_{14}H_{14}NO_4PS$	-	0.1	-	-	[2104-64-5] Skin, 흡입성
477	이황화탄소	Carbon disulfide	CS_2	1	-	-	-	[75-15-0] 생식독성 2, Skin
478	인(황색)	Phosphorus(yellow)	P_4	-	0.1	-	-	[12185-10-3]
479	인덴	Indene	C_9H_8	10	-	-	-	[95-13-6]
480	인듐 및 그 화합물	Indium & compounds, as In	In	-	0.1	-	-	[7440-74-6]
481	인산	Phosphoric acid	H_3PO_4	-	1	-	3	[7664-38-2]
482	일산화질소	Nitric monoxide	NO	25	-	-	-	[10102-43-9]
483	일산화탄소	Carbon monoxide	CO	30	-	200	-	[630-08-0] 생식독성 1A
484	자당	Sucrose	$C_{12}H_{22}O_{11}$	-	10	-	-	[57-50-1]
485	자철광	Magnesite	$MgCO_3$	-	10	-	-	[546-93-0]
486	전분	Starch	$(C_6H_{10}O_5)n$	-	10	-	-	[9005-25-8]
487	주석(금속)	Tin(Metal)	Sn	-	2	-	-	[7440-31-5]

일련번호	유해물질의 명칭		화학식	노출기준				비 고 (CAS번호 등)
	국문표기	영문표기		TWA		STEL		
				ppm	mg/m³	ppm	mg/m³	
488	주석(유기화합물)	Tin(Organic compounds, as Sn)	$(C_4H_9)_2Sn(C_8H_{15}O_2)$/ $[(C_4H_9)_3Sn]_2O/(C_6H_5)SnCl$/ $(C_4H_9)_2SnCl_2/(C_4H_9)_4Sn$	-	0.1	-	-	[7440-31-5] Skin
489	지르코늄 및 그 화합물	Zirconium and compounds, as Zr	$ZrO_2/ZrOCl_2 \cdot 8H_2O$/ $ZrCl_4/ZrH_2/H_2ZrO_2(C_2H_3O_2)_2$	-	5	-	10	[7440-67-7]
490	질산	Nitric acid	HNO_3	2	-	4	-	[7697-37-2]
491	철바나듐 분진	Ferrovanadium dust	FeV	-	1	-	3	[12604-58-9]
492	철염(가용성)	Iron salts(Soluble, as Fe)	Fe	-	1	-	-	[7439-89-6]
493	초산	Acetic acid	CH_3COOH	10	-	15	-	[64-19-7]
494	초산 이차-부틸	sec-Butyl acetate	$CH_3COOCH(CH_3)C_2F$	200	-	-	-	[105-46-4]
495	초산 삼차-부틸	tert-Butyl acetate	$CH_3COOC(CH_3)_3$	200	-	-	-	[540-88-5]
496	초산 이차-아밀	sec-Amyl acetate	$CH_3COOCH(CH_3)(CH_2)CH_3$	50	-	100	-	[626-38-0]
497	초산 이차-헥실	sec-Hexyl acetate	$CH_3COOCH(CH_3)CH_2CH(CH_3)_2$	50	-	-	-	[108-84-9]
498	초산 메틸	Methyl acetate	CH_3COOCH_3	200	-	250	-	[79-20-9]
499	초산 에틸	Ethyl acetate	$CH_3COOC_2H_5$	400	-	-	-	[141-78-6]
500	초산 이소부틸	Isobutyl acetate	$CH_3COOCH_2CH(CH_3)_2$	150	-	187	-	[110-19-0]
501	초산 이소아밀	Isoamyl acetate	$CH_3COOCH_2CH_2CH(CH_3)_2$	50	-	100	-	[123-92-2]
502	초산 이소프로필	Isopropyl acetate	$CH_3COOCH(CH_3)_2$	100	-	200	-	[108-21-4]
503	카드뮴 및 그 화합물	Cadmium and compounds, as Cd (Respirable fraction)	Cd/CdO	-	0.01 (0.002)	-	-	[7440-43-9] 발암성 1A, 생식세포 변이원성 2, 생식독성 2, 호흡성
504	카르보닐 클로라이드	Carbonyl chloride	$COCl_2$	0.1	-	-	-	[75-44-5]

일련번호	유해물질의 명칭		화학식	노출기준				비 고 (CAS번호 등)
	국문표기	영문표기		TWA		STEL		
				ppm	mg/m³	ppm	mg/m³	
505	카바릴	Carbaryl	$C_{12}H_{11}NO_2$	-	5	-	-	[63-25-2] 발암성 2, Skin
506	카보푸란	Carbofuran(Inhalable fraction and vapor)	$C_{12}H_{15}NO_3$	-	0.1	-	-	[1563-66-2] 흡입성 및 증기
507	카보닐 플루오라이드	Carbonyl fluoride	COF_2	2	-	5	-	[353-50-4]
508	카본블랙	Carbon black	C	-	3.5	-	-	[1333-86-4] 발암성 2
509	카올린	Kaoline(Respirable fraction)	$H_2Al_2Si_2O_8 \cdot H_2O$	-	2	-	-	[1332-58-7] 호흡성
510	카프로락탐(분진)	Caprolactum(Dust)	$CH_2CH_2CH_2NH$ CH_2CH_2CO	-	1	-	3	[105-60-2]
511	카프로락탐(증기)	Caprolactum(Vapor)	C_4H_4CONH	-	20	-	40	[105-60-2]
512	카테콜	Catechol	$C_6H_4(OH)_2$	5	-	-	-	[120-80-9] 발암성 2, Skin
513	칼슘 시안아미드	Calcium cyanamide	CaCN	-	0.5	-	-	[156-62-7]
514	캄파(인조)	Camphor(Synthetic)	$C_{10}H_{16}O$	2	-	3	-	[76-22-2]
515	캡타폴	Captafol	$C_{10}H_9Cl_4NO_2S$	-	0.1	-	-	[2425-06-1] 발암성 1B, Skin
516	캡탄	Captan	$C_9H_8Cl_3NO_2S$	-	5	-	-	[133-06-2] 발암성 2
517	케로젠	Kerosene	-	-	200	-	-	[8008-20-6] 발암성 2, Skin
518	케텐	Ketene	CH_2CO	0.5	-	1.5	-	[463-51-4]
519	코발트 및그 무기화합물	Cobalt and inorganic compounds	$Co/CoO/Co_2O_3/Co_3O_4$	-	0.02	-	-	[7440-48-4] 발암성 2
520	코발트 하이드로카르보닐	Cobalt hydrocarbonyl, as Co	$HCO(Co)_4$	-	0.1	-	-	[16842-03-8]
521	퀴논	Quinone	OC_6H_4O	파라-벤조퀴논 참조				
522	큐멘	Cumene	$C_6H_5C_3H_7$	50	-	-	-	[98-82-8] 발암성 2, Skin
523	코발트 카르보닐	Cobalt carbonyl, as Co	$CO_2(Co)_4$	-	0.1	-	-	[10210-68-1]
524	크레졸(모든 이성체)	Cresol(all isomers)	$CH_3C_6H_4OH$	-	22	-	-	[95-48-7][106-44-5][108-39-4][1319-77-3] Skin
525	크로밀 클로라이드	Chromyl chloride	CrO_2Cl	0.025	-	-	-	[14977-61-8] 발암성 1A, 생식세포 변이원성 1B
526	크로톤알데히드	Crotonaldehyde	$CH_3CHCHCHO$	2	-	-	-	[4170-30-3] 발암성 2, 생식세포 변이원성 2, Skin

일련번호	유해물질의 명칭		화학식	노출기준				비 고 (CAS번호 등)
	국문표기	영문표기		TWA		STEL		
				ppm	mg/㎥	ppm	mg/㎥	
527	크롬광 가공(크롬산)	Chromite ore processing (Chromate), as Cr	Cr	-	0.05	-	-	[7440-47-3] 발암성 1A
528	크롬(금속)	Chromium(Metal)	Cr	-	0.5	-	-	[7440-47-3]
529	크롬(6가)화합물 (불용성무기화합물)	Chromium(Ⅵ)compounds(Water insoluble inorganic compounds)	Cr	-	0.01	-	-	[18540-29-9] 발암성 1A
530	크롬(6가)화합물 (수용성)	Chromium(Ⅵ)compounds (Water soluble)	Cr	-	0.05	-	-	[18540-29-9] 발암성 1A
531	크롬산 연	Lead chromate, as Cr	$PbCrO_4$	-	0.012	-	-	[7758-97-6] 발암성 1A, 생식독성 1A
532	크롬산 연	Lead chromate, as Pb	$PbCrO_4$	-	0.05	-	-	[7758-97-6] 발암성 1A, 생식독성 1A
533	크롬산 아연	Zinc chromates, as Cr	$ZnCrO_4/ZnCr_2O_4/ZnCr_2O_7$	-	0.01	-	-	[13530-65-9][11103-86-9][37300-23-5] 발암성 1A
534	크롬(2가)화합물	Chromium(Ⅱ)compounds, as Cr	Cr	-	0.5	-	-	[7440-47-3]
535	크롬(3가)화합물	Chromium(Ⅲ)compounds, as Cr	Cr	-	0.5	-	-	[7440-47-3]
536	크루포메이트	Crufomate	$C_{12}H_{19}ClNO_3P$	-	5	-	20	[299-86-5]
537	크리센	Chrysene	$C_{18}H_{12}$	-	-	-	-	[218-01-9] 발암성 1B, 생식세포 변이원성 2
538	크실렌 (오쏘,메타,파라 이성체)	Xylene(o,m,p-isomers)	$C_6H_4(CH_3)_2$	디메틸벤젠 참조				
539	크실리딘	Xylidine	$(CH_3)_2C_6H_3NH_2$	디메틸아미노벤젠 참조				
540	1-클로로-1-니트로프로판	1-Chloro-1-nitropropane	$C_2H_5ClNO_2$	2	-	-	-	[600-25-9]
541	클로로디페닐(42% 염소)	Chlorodiphenyl(42% Chlorine)	$C_{12}H_7Cl_3$	-	1	-	-	[53469-21-9] Skin
542	클로로디페닐(54% 염소)	Chlorodiphenyl(54% Chlorine)	$C_{12}H_5Cl_5$	-	0.5	-	-	[11097-69-1] 발암성 2, Skin
543	클로로디플루오로메탄	Chlorodifluoromethane	$CHClF_2$	1,000	-	1,250	-	[75-45-6]
544	클로로메틸 메틸에테르	Chloromethyl methylether	C_2H_5ClO	-	-	-	-	[107-30-2] 발암성 1A

일련번호	유해물질의 명칭		화학식	노출기준				비 고 (CAS번호 등)
	국문표기	영문표기		TWA		STEL		
				ppm	mg/m³	ppm	mg/m³	
545	클로로벤젠	Chlorobenzene	C_6H_5Cl	10	-	20	-	[108-90-7] 발암성 2
546	2-클로로-1,3-부타디엔	2-Chloro-1,3-butadiene	$CH_2CClCHCH_2$	10	-	-	-	[126-99-8] 발암성 1B, Skin
547	클로로브로모메탄	Chlorobromomethane	CH_2BrCl	브로모클로로메탄 참조				
548	클로로아세트알데히드	Chloroacetaldehyde	$ClCH_2CHO$	-	-	C 1	-	[107-20-0] 발암성 2
549	클로로아세틸 클로라이드	Chloroacetyl chloride	$ClCH_2COCl$	0.05	-	-	-	[79-04-9] Skin
550	2-클로로에탄올	2-Chloroethanol	CH_2ClCH_2OH	-	-	C 1	-	[107-07-3] Skin
551	클로로에틸렌	Chloroethylene	CH_2CHCl	1	-	-	-	[75-01-4] 발암성 1A
552	1-클로로-2,3-에폭시 프로판	1-Chloro-2,3-epoxy propane	C_3H_5OCl	에피클로로히드린 참조				
553	2-클로로-6-(트리클로로메틸)피리딘	2-Chloro-6-(trichloromethyl) pyridine	$C_6H_3Cl_4N$	-	10	-	20	[1929-82-4]
554	클로로펜타플루오로에탄	Chloropentafluoro ethane	$ClCF_2CF_3$	1,000	-	-	-	[76-15-3]
555	클로로포름	Chloroform	$CHCl_3$	10	-	-	-	[67-66-3] 발암성 2, 생식독성 2
556	클로로피크린	Chloropicrin	CCl_3NO_2	0.1	-	0.3	-	[76-06-2]
557	클로르단	Chlordane	$C_{10}H_6Cl_8$	-	0.5	-	-	[57-74-9] 발암성 2, Skin
558	클로르피리포스	Chlorpyrifos (Inhalable fraction and vapor)	$C_9H_{11}Cl_3NO_3PS$	-	0.1	-	-	[2921-88-2] Skin, 흡입성 및 증기
559	클로피돌	Clopidol	$C_7H_7Cl_2NO$	-	10	-	-	[2971-90-6]
560	탄산칼슘	Calcium carbonate	$CaCO_3$	-	10	-	-	[1317-65-3]
561	탄탈륨(금속 및 산화흄)	Tantalum(Metal & oxide fume)	Ta/Ta_2O_5	-	5	-	-	[1314-61-0]
562	탈륨(가용성화합물)	Thallium (Soluble compounds, as Tl)	$Tl_2SO_4/TlC_2H_3O_2/TlNO_3$	-	0.1	-	-	[7440-28-0] Skin
563	터페닐	Terphenyls	$C_{18}H_{14}$	-	-	-	C 5	[26140-60-3]
564	테레빈유	Turpentine	$C_{10}H_{16}$	20	-	-	-	[8006-64-2]
565	텅스텐(가용성화합물)	Tungsten(Soluble compounds)	W	-	1	-	3	[7440-33-7]

일련번호	유해물질의 명칭		화학식	노출기준				비 고 (CAS번호 등)
	국문표기	영문표기		TWA		STEL		
				ppm	mg/㎥	ppm	mg/㎥	
566	텅스텐 및 불용성화합물	Tungsten metal and Insoluble compounds	W	-	5	-	10	[7440-33-7]
567	테트라니트로메탄	Tetranitromethane	$C(NO_2)_4$	1	-	-	-	[509-14-8] 발암성 2
568	테트라메틸 숙시노니트릴	Tetramethyl succinonitrile	$C_8H_{12}N_2$	0.5	-	-	-	[3333-52-6] Skin
569	테트라메틸 연	Tetramethyl lead, as Pb	$(CH_3)_4Pb$	-	0.075	-	-	[75-74-1] 발암성 2, Skin
570	테트라소디움 피로포스페이트	Tetrasodium pyrophosphate	$Na_4P_2O_7$	-	5	-	-	[7722-88-5]
571	테트라에틸 연	Tetraethyl lead, as Pb	$Pb(C_2H_5)_4$	-	0.075	-	-	[78-00-2] 발암성 2 , Skin
572	테트라클로로나프탈렌	Tetrachloronaphthalene	$C_{10}H_4Cl_4$	-	2	-	-	[1335-88-2]
573	1,1,1,2-테트라클로로-2,2-디플로로에탄	1,1,1,2-Tetrachloro-2,2-difluoroethane	$CCl_3 \cdot CClF_2$	500	-	-	-	[76-11-9]
574	1,1,2,2-테트라클로로-1,2-디플로로에탄	1,1,2,2-Tetrachloro-1,2-difluoroethane	$CCl_2F \cdot CCl_2F$	500	-	-	-	[76-12-0]
575	테트라클로로메탄	Tetrachloromethane	CCl_4	사염화탄소 참조				
576	1,1,2,2-테트라클로로에탄	1,1,2,2-Tetrachloroethane	$CHCl_2CHCl_2$	1	-	-	-	[79-34-5] 발암성 2, Skin
577	테트라클로로에틸렌	Tetrachloroethylene	CCl_2CCl_2	퍼클로로에틸렌 참조				
578	테트라하이드로퓨란	Tetrahydrofuran	C_4H_8O	50	-	100	-	[109-99-9] 발암성 2, Skin
579	테트릴	Tetryl	$(NO_2)_3C_6H_2N(NO_2)CH_3$	-	1.5	-	-	[479-45-8]
580	텔레늄과 그 화합물	Tellurium & compounds, as Te	$Te/H_2Te/K_2TeO_3/Na_2H_4TeO_6$	-	0.1	-	-	[13494-80-9]
581	텔루르화 비스무스	Bismuth telluride	Bi_2Te_2	-	10	-	-	[1304-82-1]
582	템포스	Temephos	-	-	10	-	-	[3383-96-8] Skin
583	톡사펜	Toxaphene	$C_{10}H_{10}Cl_8$	염소화 캄펜 참조				
584	톨루엔	Toluene	$C_6H_5CH_3$	50	-	150	-	[108-88-3] 생식독성 2
585	톨루엔-2,4-디이소시아네이트	Toluene-2,4-diisocyanate(TDI)	$CH_3C_6H_3(NCO)_2$	0.005	-	0.02	-	[584-84-9] 발암성 2

일련번호	유해물질의 명칭		화학식	노출기준				비 고 (CAS번호 등)
	국문표기	영문표기		TWA		STEL		
				ppm	mg/㎥	ppm	mg/㎥	
586	톨루엔-2,6-디이소시아네이트	Toluene-2,6-diisocyanate(TDI)	$CH_3C_6H_3(NCO)_2$	0.005	-	0.02	-	[91-08-7] 발암성 2
587	톨루올	Toluol	$C_6H_5CH_3$	톨루엔 참조				
588	2,4,6-트리니트로 톨루엔	2,4,6-Trinitrotoluene(TNT)	$CH_3C_6H_2(NO_2)_3$	-	0.1	-	-	[118-96-7] Skin
589	2,4,6-트리니트로페놀	2,4,6-Trinitrophenol	$HOC_6H_{12}(NO_2)_3$	피크린산 참조				
590	트리메틸 벤젠	Trimethyl benzene	$(CH_3)_3C_6H_3$	25	-	-	-	[25551-13-7]
591	트리메틸아민	Trimethylamine	$(CH_3)_3N$	5	-	15	-	[75-50-3]
592	트리메틸 포스파이트	Trimethyl phosphite	$(CH_3O)_3P$	2	-	-	-	[121-45-9]
593	트리멜리틱 안하이드리드	Trimellitic anhydride(Inhalable fraction and vapor)	$C_9H_4O_5$	-	0.0005	-	0.002	[552-30-7] Skin, 흡입성 및 증기
594	트리부틸 포스페이트	Tributyl phosphatee (Inhalable fraction and vapor)	$(C_4H_9O)_3PO$	-	2.5	-	-	[126-73-8] 발암성 2, 흡입성 및 증기
595	트리에틸아민	Triethylamine	$(C_2H_5)_3N$	2	-	4	-	[121-44-8] Skin
596	트리오르토크레실 포스페이트	Triorthocresyl phosphate	$(CH_3C_6H_4O)_3PO$	-	0.1	-	-	[78-30-8] Skin
597	트리클로로나프탈렌	Trichloronaphthalene	$C_{10}H_5Cl_6$	-	5	-	-	[1321-65-9] Skin
598	트리클로로니트로메탄	Trichloronitromethane	CCl_3NO_2	클로피크린 참조				
599	트리클로로메탄	Trichloromethane	$CHCl_3$	클로로포름 참조				
600	1,2,4-트리클로로벤젠	1,2,4-Trichlorobenzene	$C_6H_3Cl_3$	-	-	C 5	-	[120-82-1]
601	트리클로로아세트산	Trichloroacetic acid	CCl_3COOH	1	-	-	-	[76-03-9] 발암성 2
602	1,1,1-트리클로로에탄	1,1,1-Trichloroethane	CH_3CCl_3	메틸 클로로포름 참조				
603	1,1,2-트리클로로에탄	1,1,2-Trichloroethane	$CHCl_2CH_2Cl$	10	-	-	-	[79-00-5] 발암성 2, Skin
604	트리클로로에틸렌	Trichloroethylene	CCl_2CHCl	10	-	25	-	[79-01-6] 발암성 1A, 생식세포 변이원성 2
605	1,1,2-트리클로로-1,2,2-트리플루오로에탄	1,1,2-Trichloro-1,2,2-trifluoroethane	$CCl_2F{\cdot}CClF_2$	1,000	-	1,250	-	[76-13-1]
606	1,2,3-트리클로로프로판	1,2,3-Trichloropropane	$CH_2ClCHClCH_2Cl$	10	-	-	-	[96-18-4] 발암성 1B, 생식독성 1B, Skin

일련번호	유해물질의 명칭		화학식	노출기준				비 고 (CAS번호 등)
	국문표기	영문표기		TWA		STEL		
				ppm	mg/m³	ppm	mg/m³	
607	트리클로로플루오로메탄	Trichlorofluoromethane	CCl_3F	플루오로트리클로로메탄 참조				
608	트리클로로헥실틴 하이드록사이드	Trichlorohexyltin hydroxide	$C_{18}H_{34}OSn$	시헥사틴 참조				
609	트리페닐 아민	Triphenyl amine	$(C_6H_5)_3N$	-	5	-	-	[603-34-9]
610	트리페닐 포스페이트	Triphenyl phosphate	$(C_6H_5O)_3PO$	-	3	-	-	[115-86-6]
611	트리플루오로 브로모메탄	Trifluoro bromomethane	$CBrF_3$	1,000	-	-	-	[75-63-8]
612	입자상다환식방향족 탄화수소(벤젠에 가용성)	Particulate polycyclicaromatic hydrocarbons(as benzene solubles)	$C_{14}H_{10}/C_{16}H_{10}/C_{12}H_9N/C_{20}H_{12}$	-	0.2	-	-	발암성 1A~2 (물질의 종류에 따라 발암성 등급 차이가 있음)
613	2,4,5-티	2,4,5-T (2,4,5-Trichlorophenoxy acetic acid)	$Cl_3C_6H_2OCH_2COOH$	-	10	-	-	[93-76-5]
614	티오글리콜산	Thioglicolic acid	$C_2H_4O_2S$	1	-	-	-	[68-11-1] Skin
615	티람	Thiram	$C_6H_{12}N_2S_4$	-	1	-	-	[137-26-8] Skin
616	4,4'-티오비스 (6-삼차-부틸-메타-크레졸)	4,4'-Thiobis (6-tert-butyl-m-cresol)	$C_{22}H_{30}O_2S$	-	10	-	-	[96-69-5]
617	티이디피	TEDP	$(C_2H_5)_4P_2S_2O_5$	설포텝 참조				
618	티이피피	Tetraethyl pyrophosphate (TEPP) (Inhalable fraction and vapor)	$(C_2H_5)_4P_2O_7$	-	0.01	-	-	[107-49-3] Skin, 흡입성 및 증기
619	파라-니트로아닐린	p-Nitroaniline	$C_6H_6N_2O_2$	-	3	-	-	[100-01-6] Skin
620	파라-니트로클로로벤젠	p-Nitrochlorobenzene	$ClC_6H_4NO_2$	0.1	-	-	-	[100-00-5] 발암성 2, 생식세포 변이원성 2, Skin
621	파라-디클로로벤젠	p-Dichlorobenzene	$C_6H_4Cl_2$	10	-	20	-	[106-46-7] 발암성 2
622	파라-벤조퀴논	p-Benzoquinone	OC_6H_4O	0.1	-	-	-	[106-51-4]
623	파라-삼차-부틸톨루엔	p-tert-Butyltoluene	$CH_3C_6H_4C(CH_3)_3$	10	-	15	-	[98-51-1]
624	파라치온	Parathion(Inhalable fraction and vapor)	$(C_2H_5O)_2PSOC_6H_4NO_2$	-	0.05	-	-	[56-38-2] Skin, 흡입성 및 증기

일련번호	유해물질의 명칭		화학식	노출기준				비 고 (CAS번호 등)
	국문표기	영문표기		TWA		STEL		
				ppm	mg/m³	ppm	mg/m³	
625	파라쿼트	Paraquat(Respirable fraction)	$C_{12}H_{14}Cl_2/C_{12}H_{14}N_2(CH_3SO_4)_2$	-	0.1	-	-	[4685-14-7] 호흡성
626	파라-페닐렌디아민	p-Phenylene diamine	$C_6H_8N_2$	-	0.1	-	-	[106-50-3] Skin
627	파라-톨루이딘	p-Toluidine	$CH_3C_6H_3NH_2$	2	-	-	-	[106-49-0] 발암성 2, Skin
628	퍼라이트	Perlite	-	-	10	-	-	[93763-70-3]
629	퍼밤	Ferbam(Respirable fraction)	$[(CCH_3)_2NCS_2]_3Fe$	-	10	-	-	[14484-64-1] 흡입성
630	퍼클로로메틸 멀캡탄	Perchloromethyl mercaptan	CCl_3SCl	0.1	-	-	-	[594-42-3]
631	퍼클로로에틸렌	Perchloroethylene	CCl_2CCl_2	25	-	100	-	[127-18-4] 발암성 1B
632	퍼클로릴 플루오라이드	Perchloryl fluoride	ClO_3F	3	-	6	-	[7616-94-6]
633	페나미포스	Fenamiphos (Inhalable fraction and vapor)	-	-	0.1	-	-	[22224-92-6] Skin, 흡입성 및 증기
634	페노티아진	Phenothiazine	$S(C_6H_{14})_2$ NH	-	5	-	-	[92-84-2] Skin
635	페놀	Phenol	C_6H_5OH	5	-	-	-	[108-95-2] 생식세포 변이원성 2, Skin
636	페닐 글리시딜 에테르	Phenyl glycidyl ether(PGE)	$C_6H_5OCH_2CHOCH_2$	0.8	-	-	-	[122-60-1] 발암성 1B, 생식세포 변이원성 2, Skin
637	페닐 멀캡탄	Phenyl mercaptan	C_6H_5SH	0.1	-	-	-	[108-98-5] Skin
638	페닐 에테르(증기)	Phenyl ether(Vapor)	$(C_6H_5)_2O$	1	-	2	-	[101-84-8]
639	페닐 에틸렌	Phenyl ethylene	$C_6H_5CHCH_2$	20	-	40	-	[100-42-5] 발암성 2, 생식독성 2, Skin
640	페닐 포스핀	Phenyl phosphine	$C_6H_5PH_2$	-	-	C 0.05	-	[638-21-1]
641	페닐 하이드라진	Phenyl hydrazine	$C_6H_5NHNH_2$	5	-	10	-	[100-63-0] 발암성 1B, 생식세포 변이원성 2, Skin
642	펜설포티온	Fensulfothion (Inhalable fraction and vapor)	$C_4H_{17}O_4PS$	-	0.1	-	-	[115-90-2] Skin, 흡입성 및 증기
643	펜아실 클로라이드	Phenacyl chloride	$C_6H_5COCH_2Cl$	알파-클로로아세토페논 참조				
644	2-펜타논	2-Pentanone	$CH_3COC_3H_7$	메틸 프로필 케톤 참조				

일련번호	유해물질의 명칭		화학식	노출기준				비 고 (CAS번호 등)
	국문표기	영문표기		TWA		STEL		
				ppm	mg/m³	ppm	mg/m³	
645	펜타보레인	Pentaborane	B_5H_9	0.005	-	0.015	-	[19624-22-7]
646	펜타에리트리톨	Pentaerythritol	$C(CH_2OH)_4$	-	10	-	-	[115-77-5]
647	펜타클로로나프탈렌	Pentachloronaphthalene	$C_{10}H_3Cl_5$	-	0.5	-	-	[1321-64-8]
648	펜타클로로페놀	Pentachlorophenol(Inhalable fraction and vapor)	C_6Cl_5OH	-	0.5	-	-	[87-86-5] 발암성 1B, Skin, 흡입성 및 증기
649	펜탄	Pentane	C_5H_{12}	600	-	750	-	[109-66-0]
650	펜티온	Fenthion	$C_{10}H_{15}O_3PS$	-	0.2	-	-	[55-38-9] 생식세포 변이원성 2, Skin
651	포노포스	Fonofos(Inhalable fraction and vapor)	$C_{10}H_{15}OPS_2$	-	0.1	-	-	[944-22-9] Skin, 흡입성 및 증기
652	포레이트	Phorate (Inhalable fraction and vapor)	$C_7H_{17}O_2PS_3$	-	0.05	-	-	[298-02-2] Skin, 흡입성 및 증기
653	포름산 에틸	Ethyl formate	$HCOOC_2H_5$	100	-	-	-	[109-94-4]
654	포름아미드	Formamide	$HCONH_2$	10	-	-	-	[75-12-7] 생식독성 1B, Skin
655	포름알데히드	Formaldehyde	HCHO	0.3	-	-	-	[50-00-0] 발암성 1A, 생식세포 변이원성 2
656	포스겐	Phosgene	$COCl_2$	카르보닐 클로라이드 참조				
657	포스드린	Phosdrin	$(CH_3O)_2PO_2C(CH_3)$	메빈포스 참조				
658	포스포러스 옥시클로라이드	Phosphorus oxychloride	$POCl_3$	0.1	-	0.5	-	[10025-87-3]
659	포스포러스 트리클로라이드	Phosphorus trichloride	PCl_3	0.2	-	0.5	-	[7719-12-2]
660	포스포러스 펜타설파이드	Phosphorus pentasulfide	P_2S_5/P_4S_{10}	-	1	-	3	[1314-80-3]
661	포스포러스 펜타클로라이드	Phosphorus pentachloride	PCl_5	0.1	-	-	-	[10026-13-8]
662	포스핀	Phosphine	PH_3	0.3	-	1	-	[7803-51-2]
663	포틀랜드 시멘트	Portland cement	-	-	10	-	-	[65997-15-1]
664	푸르푸랄	Furfural	C_4H_3OCHO	2	-	-	-	[98-01-1] 발암성 2, Skin
665	푸르푸릴 알코올	Furfuryl alcohol	$C_4H_3OCH_2OH$	10	-	15	-	[98-00-0] 발암성 2, Skin

일련번호	유해물질의 명칭		화학식	노출기준				비 고 (CAS번호 등)
	국문표기	영문표기		TWA		STEL		
				ppm	mg/m³	ppm	mg/m³	
666	프로파르길 알코올	Propargyl alcohol	$HCCCH_2OH$	1	-	-	-	[107-19-7] Skin
667	프로판 설톤	Propane sultone	$C_3H_6O_3S$	-	-	-	-	[1120-71-4] 발암성 1B
668	프로폭서	Propoxur	$C_{11}H_{15}NO_3$	-	0.5	-	-	[114-26-1] 발암성 2
669	프로피온산	Propionic acid	CH_3CH_2COOH	10	-	15	-	[79-09-4]
670	프로핀	Propyne	C_3H_4	메틸 아세틸렌 참조				
671	프로필렌글리콜디니트레이트	Propylene glycoldinitrate	$C_3H_6N_2O_6$	0.05	-	-	-	[6423-43-4] Skin
672	프로필렌 글리콜 모노메틸 에테르	Propylene glycolmonomethyl ether	$CH_3OCH_2CHOHCH_3$	100	-	150	-	[107-98-2]
673	프로필렌 디클로라이드	Propylene dichloride	$CH_3CHClCH_2Cl$	1,2-디클로로프로판 참조				
674	프로필렌 이민	Propylene imine	C_6H_7N	2	-	-	-	[75-55-8] 발암성 1B, Skin
675	플루오로트리클로로메탄	Fluorotrichloromethane	CCl_3F	-	-	C1,000	-	[75-69-4]
676	플루오라이드	Fluorides, as F	-	-	2.5	-	-	[7681-49-4]
677	피레트럼	Pyrethrum	$C_{21}H_{28}O_3/C_{22}H_{28}O_5/C_{20}H_{28}O_3$	-	5	-	-	[8003-34-7]
678	피로카테콜	Pyrocatechol	$C_6H_4(OH)_2$	카테콜 참조				
679	피리딘	Pyridine	C_5H_5N	2	-	-	-	[110-86-1] 발암성 2
680	피크린산	Picric acid	$HOC_6H_{12}(NO_2)_3$	-	0.1	-	-	[88-89-1] Skin
681	피클로람	Picloram	$C_6H_3Cl_3N_2O_2$	-	10	-	-	[1918-02-1]
682	피페라진 디하이드로클로라이드	Piperazine dihydrochloride	$C_4H_{10}N_2{\cdot}2HCl$	-	5	-	-	[142-64-3] 생식독성 2
683	핀돈	Pindone(Pival)	$C_{14}H_{14}O_3$	-	0.1	-	-	[83-26-1]
684	하이드라진	Hydrazine	$(NH_2)_2$	0.05	-	-	-	[302-01-2] 발암성 1B, Skin
685	하이드로겐 셀레늄	Hydrogen selenide, as Se	H_2Se	0.05	-	-	-	[7783-07-5]
686	하이드로게네이티드 터페닐	Hydrogenated terphenyls	$C_6H_5C_6H_4C_6H_5$	0.5	-	-	-	[61788-32-7]
687	하이드로퀴논	Hydroquinone	$C_6H_4(OH)_2$	디하이드록시 벤젠 참조				

일련번호	유해물질의 명칭		화학식	노출기준				비 고 (CAS번호 등)
	국문표기	영문표기		TWA		STEL		
				ppm	mg/m³	ppm	mg/m³	
688	4-하이드록시-4-메틸-2-펜타논	4-Hydroxy-4-methyl-2-pentanone	$C_6H_{12}O_2$	디아세톤 알콜 참조				
689	2-하이드록시 프로필 아크릴레이트	2-Hydroxypropyl acrylate	$CH_2CHCOOCH_2CHOHCH_3$	0.5	-	-	-	[999-61-1] Skin
690	하프니움	Hafnium	Hf	-	0.5	-	-	[7440-58-6]
691	2-헥사논	2-Hexanone	$CH_3COCH_2CH_2CH_2CH_3$	5	-	-	-	[591-78-6] 생식독성 2, Skin
692	헥사메틸 포스포르아미드	Hexamethyl phosphoramide	$[(CH_3)_2N]_3PO$	-	-	-	-	[680-31-9] 발암성 1B, 생식세포 변이원성 1B, Skin
693	헥사메틸렌 디이소시아네이트	Hexamethylene diisocyanate	$C_{15}H_{22}N_2O_2$	0.005	-	-	-	[822-06-0]
694	헥사클로로나프탈렌	Hexachloronaphthalene	$C_{10}H_2Cl_6$	-	0.2	-	-	[1335-87-1] Skin
695	헥사클로로부타디엔	Hexachlorobutadiene	$CCl_2CClCClCCl_2$	0.02	-	-	-	[87-68-3] 발암성 2, Skin
696	헥사클로로시클로펜타디엔	Hexachlorocyclopentadiene	C_5Cl_6	0.01	-	-	-	[77-47-4]
697	헥사클로로에탄	Hexachloroethane	CCl_3CCl_3	1	-	-	-	[67-72-1] 발암성 2
698	헥사플루오로아세톤	Hexafluoroacetone	F_3CCOCF_3	0.1	-	-	-	[684-16-2] Skin
699	헥산(다른 이성체)	Hexane(other isomer)	$(CH_3)_3C_3H_5/n(CH_3)_4C_2H_2$	500	-	1,000	-	
700	헥손	Hexone	$CH_3COCH_2CH(CH_3)_2$	50	-	75	-	[108-10-1] 발암성 2
701	헥실렌글리콜	Hexylene glycol	$(CH_3)_2COHCH_2CHOHCH_3$	-	-	C 25	-	[107-41-5]
702	2-헵타논	2-Heptanone	$CH_3(CH_2)_4COCH_3$	50	-	-	-	[110-43-0]
703	3-헵타논	3-Heptanone	$C_2H_5COC_4H_9$	에틸 부틸 케톤 참조				
704	헵타클로르	Heptachlor & Heptachlor epoxide	$C_{10}H_5Cl_7/C_{10}H_5Cl_7O$	-	0.05	-	-	[76-44-8], [1024-57-3] 발암성 2, Skin
705	헵탄	Heptane	$CH_3(CH_2)_5CH_3$	400	-	500	-	[142-82-5]
706	활석(석면 불포함)	Talc(Containing no asbestos fibers)	-	-	2	-	-	[14807-96-6] 호흡성

일련번호	유해물질의 명칭		화학식	노출기준				비 고 (CAS번호 등)
	국문표기	영문표기		TWA		STEL		
				ppm	mg/m³	ppm	mg/m³	
707	활석(석면 포함)	Talc(Containing asbestos fibers)	-	석면 참조				
708	활성탄	Activated carbon	-	-	5	-	-	
709	황산	Sulfuric acid(Thoracic fraction)	H_2SO_4	-	0.2	-	0.6	[7664-93-9] 발암성 1A(강산 Mist에 한정함), 흉곽성
710	황산 디메틸	Dimethyl sulfate	$(CH_3)_2SO_4$	0.1	-	-	-	[77-78-1] 발암성 1B, 생식세포 변이원성 2, Skin
711	황산암모늄	Ammonium Sulfate	$NH_4SO_4NH_4$	-	10	-	20	[7783-20-2]
712	황화광	Sulfide ore	-	-	2	-	-	
713	황화니켈 (흄 및 분진)	Nickel sulfide roasting (Fume & dust, as Ni)	NiS	-	1	-	-	[16812-54-7] 발암성 1A, 생식세포 변이원성 2
714	황화수소	Hydrogen sulfide	H_2S	10	-	15	-	[7783-06-4]
715	휘발성 콜타르피치 (벤젠에 가용물)	Coal tar pitch volatiles (Benzene solubles)	$C_{14}H_{10}/C_{16}H_{10}/C_{12}H_9N/C_{20}H_{12}$	-	0.2	-	-	[65996-93-2] 발암성 1A
716	흑연 (천연 및 합성, Graphite 섬유제외)	Graphite (Natural & Synthetic, Except Graphite fibers, Respirable fraction)	C	-	2	-	-	[7782-42-5] 호흡성
717	기타 분진 (산화규소 결정체 1% 이하)	Particulates not otherwise regulated(no more than 1% crystalline silica)	-	-	10	-	-	발암성 1A (산화규소 결정체 0.1% 이상에 한함)

주: 1. Skin 표시 물질은 점막과 눈 그리고 경피로 흡수되어 전신 영향을 일으킬 수 있는 물질을 말함(피부자극성을 뜻하는 것이 아님)
2. 발암성 정보물질의 표기는 「화학물질의 분류·표시 및 물질안전보건자료에 관한 기준」에 따라 다음과 같이 표기함
가. 1A : 사람에게 충분한 발암성 증거가 있는 물질
나. 1B : 시험동물에서 발암성 증거가 충분히 있거나, 시험동물과 사람 모두에서 제한된 발암성 증거가 있는 물질
다. 2 : 사람이나 동물에서 제한된 증거가 있지만, 구분1로 분류하기에는 증거가 충분하지 않은 물질
3. 생식세포 변이원성 정보물질의 표기는 「화학물질의 분류·표시 및 물질안전보건자료에 관한 기준」에 따라 다음과 같이 표기함
가. 1A : 사람에게서의 역학조사 연구결과 양성의 증거가 있는 물질
나. 1B : 다음 어느 하나에 해당하는 물질
① 포유류를 이용한 생체내(in vivo) 유전성 생식세포 변이원성 시험에서 양성
② 포유류를 이용한 생체내(in vivo) 체세포 변이원성 시험에서 양성이고, 생식세포에 돌연변이를 일으킬 수 있다는 증거가 있음
③ 노출된 사람의 정자 세포에서 이수체 발생빈도의 증가와 같이 사람의 생식세포 변이원성 시험에서 양성
다. 2 : 다음 어느 하나에 해당되어 생식세포에 유전성 돌연변이를 일으킬 가능성이 있는 물질
① 포유류를 이용한 생체내(in vivo) 체세포 변이원성 시험에서 양성
② 기타 시험동물을 이용한 생체내(in vivo) 체세포 유전독성 시험에서 양성이고, 시험관내(in vitro) 변이원성 시험에서 추가로 입증된 경우

③ 포유류 세포를 이용한 변이원성시험에서 양성이며, 알려진 생식세포 변이원성 물질과 화학적 구조활성 관계를 가지는 경우

4. 생식독성 정보물질의 표기는 「화학물질의 분류·표시 및 물질안전보건자료에 관한 기준」에 따라 다음과 같이 표기함
   가. 1A : 사람에게 성적기능, 생식능력이나 발육에 악영향을 주는 것으로 판단할 정도의 사람에서의 증거가 있는 물질
   나. 1B : 사람에게 성적기능, 생식능력이나 발육에 악영향을 주는 것으로 추정할 정도의 동물시험 증거가 있는 물질
   다. 2 : 사람에게 성적기능, 생식능력이나 발육에 악영향을 주는 것으로 의심할 정도의 사람 또는 동물시험 증거가 있는 물질
   라. 수유독성 : 다음 어느 하나에 해당하는 물질
      ① 흡수, 대사, 분포 및 배설에 대한 연구에서, 해당 물질이 잠재적으로 유독한 수준으로 모유에 존재할 가능성을 보임
      ② 동물에 대한 1세대 또는 2세대 연구결과에서, 모유를 통해 전이되어 자손에게 유해영향을 주거나, 모유의 질에 유해영향을 준다는 명확한 증거가 있음
      ③ 수유기간 동안 아기에게 유해성을 유발한다는 사람에 대한 증거가 있음
5. 발암성, 생식세포 변이원성 및 생식독성 물질의 정의는 「산업안전보건법」 시행규칙 [별표 11의 2] 유해인자의 분류기준 제1호나목 6) 발암성 물질, 7) 생식세포 변이원성 물질, 8) 생식독성 물질 참조
6. 화학물질이 IARC 등의 발암성 등급과 NTP의 R등급을 모두 갖는 경우에는 NTP의 R등급은 고려하지 아니함
7. 혼합용매추출은 에텔에테르, 톨루엔, 메탄올을 부피비 1:1:1로 혼합한 용매나 이외 동등 이상의 용매로 추출한 물질을 말함
8. 노출기준이 설정되지 않은 물질의 경우 이에 대한 노출이 가능한 한 낮은 수준이 되도록 관리하여야 함

〈별표 1-2〉 〈삭제〉

〈별표 2-1〉 소음의 노출기준(충격소음 제외)

1일 노출시간(hr)	소음강도 dB(A)
8	90
4	95
2	100
1	105
1/2	110
1/4	115

주 : 115dB(A)를 초과하는 소음 수준에 노출되어서는 안 됨

〈별표 2-2〉 충격소음의 노출기준

1일 노출회수	충격소음의 강도 dB(A)
100	140
1,000	130
10,000	120

주 : 1. 최대 음압수준이 140dB(A)를 초과하는 충격소음에 노출되어서는 안 됨
   2. 충격소음이라 함은 최대음압수준에 120dB(A) 이상인 소음이 1초 이상의 간격으로 발생하는 것을 말함

〈별표 3〉 고온의 노출기준

(단위 : ℃, WBGT)

작업휴식시간비 \ 작업강도	경작업	중등작업	중작업
계 속 작 업	30.0	26.7	25.0
매시간 75%작업, 25%휴식	30.6	28.0	25.9
매시간 50%작업, 50%휴식	31.4	29.4	27.9
매시간 25%작업, 75%휴식	32.2	31.1	30.0

주 : 1. 경작업 : 200kcal까지의 열량이 소요되는 작업을 말하며, 앉아서 또는 서서 기계의 조정을 하기 위하여 손 또는 팔을 가볍게 쓰는 일 등을 뜻함

2. 중등작업 : 시간당 200~350kcal의 열량이 소요되는 작업을 말하며, 물체를 들거나 밀면서 걸어다니는 일 등을 뜻함

3. 중작업 : 시간당 350~500kcal의 열량이 소요되는 작업을 말하며, 곡괭이질 또는 삽질하는 일 등을 뜻함

(2) Hood의 설치 및 운용 기준

Hood의 설치 기준은 가스와 입자에 따라 다르고 Hood의 종류에 따라 별도의 제어풍속이 적용되며 상세한 내용은 산업안전보건법 시행규칙에 의해 정해져 있다.

① 사업주는 단일 성분의 유기화합물이 발생하는 작업장에 전체환기장치를 설치하려는 경우에 다음 계산식에 따라 계산한 환기량(이하 이 조에서 "필요환기량"이라 한다) 이상으로 설치하여야 한다.

관리대상 유해물질 관련 국소배기장치 후드의 제어풍속(제429조 관련)

물질의 상태	후드 형식	제어풍속(m/sec)
가스 상태	포위식 포위형	0.4
	외부식 측방흡인형	0.5
	외부식 하방흡인형	0.5
	외부식 상방흡인형	1.0
입자 상태	포위식 포위형	0.7
	외부식 측방흡인형	1.0
	외부식 하방흡인형	1.0
	외부식 상방흡인형	1.2

비고
1. "가스 상태"란 관리대상 유해물질이 후드로 빨아들여질 때의 상태가 가스 또는 증기인 경우를 말한다.
2. "입자 상태"란 관리대상 유해물질이 후드로 빨아들여질 때의 상태가 흄, 분진 또는 미스트인 경우를 말한다.
3. "제어풍속"이란 국소배기장치의 모든 후드를 개방한 경우의 제어풍속으로서 다음 각 목에 따른 위치에서의 풍속을 말한다.
  가. 포위식 후드에서는 후드 개구면에서의 풍속
  나. 외부식 후드에서는 해당 후드에 의하여 관리대상 유해물질을 빨아들이려는 범위 내에서 해당 후드 개구면으로부터 가장 먼 거리의 작업위치에서의 풍속

② 본 값을 초과한 경우는 Hood의 개선 및 작업공정의 개선, 전체환기 등을 적용 보완하도록 되어 있다.

③ 작업환경에 관한 규정은 고용노동부의 산업안전보건법 적용으로 실내공기질과는 별도의 관리규정을 따른다.

작업시간 1시간당 필요환기량 = 24.1×비중×유해물질의 시간당 사용량×K/(분자량×유해물질의 노출기준)×10^6

주) 1. 시간당 필요환기량 단위 : m^3/hr
  2. 유해물질의 시간당 사용량 단위 : L/hr
  3. K : 안전계수로서
    가. K=1 : 작업장 내의 공기 혼합이 원활한 경우
    나. K=2 : 작업장 내의 공기 혼합이 보통인 경우
    다. K=3 : 작업장 내의 공기 혼합이 불완전한 경우

(3) MSDS(Material Safety Data Sheets, 물질안전보건자료)

물질안전보건자료의 작성 · 비치의 의무는 산업안전보건법(이하 "법"이라 한다) 법 제41조의 규정에 의해 의무화 하고 있으며 물질안전보건자료의 작성·비치 등의 적용대상이 되는 화학물질(이하 "대상 화학물질"이라 한다)은 다음 각 호에서 규정한 물질을 말한다.

1) 물리적 위험물질

가. 폭발성 물질

나. 산화성 물질

다. 극인화성 물질

라. 고인화성 물질

마. 인화성 물질

바. 금수성 물질

2) 건강장해 물질

가. 고독성 물질

나. 독성 물질

다. 유해 물질

라. 부식성 물질

마. 자극성 물질

바. 과민성 물질

사. 발암성 물질

아. 변이원성 물질

자. 생식독성 물질

3) 환경유해물질

② 제1항 각호의 규정에 의한 대상 화학물질의 분류기준 및 유해그림은 별표 규정에 의한다.

③ 시행령 제32조의 2 제11호의 "기타 노동부장관이 독성·폭발성 등으로 인한 위해의 정도가 적다고 인정하여 고시하는 제제"라 함은 다음 각호의 물질을 말한다.

1. 대상 화학물질을 1% 미만(다만, 발암성물질은 0.1% 미만) 함유하고 있는 제제
2. 고형화된 완제품으로서 취급 근로자가 작업 시 그 제품에 포함된 대상 화학물질에 노출될 우려가 없는 제제(다만, 발암성물질이 함유된 제품은 제외한다.)

4) 개요

물질안전보건자료(MSDS : Material Safety Data Sheet)는 미국 노동부 산하 노동 안전 위생국(Occupational Safety &Health Administration, OSHA)이 1983년 약 600여 종의 화학 물질이 작업장에서 일하는 근로자에게 유해하다고 여겨서 이들 물질의 유해 기준을 마련하고자 한 것으로부터 기인하게 되었다. 국내는 산업안전보건법 제41조(물질안전보건자료의 작성 · 비치 등)에 근거하여 화학 물질을 제조, 수입, 사용, 운반, 저장하고자 하는 사업주가 MSDS를 작성 · 비치하고, 화학 물질이 담겨있는 용기 또는 포장에 경고 표지를 부착하여 유해성을 알리며, 근로자에게 안전 보건 교육을 실시하는 제도로써, 화학 물질로부터 근로자의 안전과 건강을 보호하기 위하여 1996년 7월 1일부터 시행된 제도이다. 또한 MSDS제도는 화학 물질을 취급하는 근로자에게 유해 · 위험성을 알려줌으로써 근로자 스스로가 직업병 등으로부터 자신을 보호하도록 하고 불의의 화학 사고에 신속히 대응하도록 하기 위해 실시되는 제도이다.

화학 물질에 대한 안전상 · 보건상의 기초 자료(화학명, CAS(Chemical Abstracts Service) 등록 번호, 유해한 물리 · 화학적 특성 그리고 알려진 급 · 만성 건강 자료가 포함)를 정리하여 이에 따른 항목을 세분하여 근로자에게 제시함과 동시에 이를 활용하여 취급 물질로 인한 재해가 발생하지 않도록 예방하는 데 목적을 두고 작성된 문서이다.

5) 물질안전보건자료 기입 사항

- 화학제품과 회사에 관한 정보
  - 제품명 : 현재 사용하고 있는 물질과 제품명이 일치하는지 확인해야 한다. 숫자나 글자 하나가 다르더라도 화학물질이 다른 것이 사용되고 있을 수 있다. 평상시 부르는 이름과 진짜 이름이 다른 경우가 많기 때문에 진짜 이름이 무엇인지 알고 있어야 한다.

- 유해성 분류 : 물질의 유해성을 한 눈에 알아볼 수 있다.
- 제조자 정보 : 물질안전보건자료의 내용과 관련하여 요구할 사항이 있을때 연락하도록 전화번호까지 제공하고 있다.
- 작성일자 및 개정일자 : 지금으로부터 개정된 일자까지 상당한 시간이 지났다고 판다하면, 제조업체에 연락해서 새로 개정된 사항이 있는지 확인해야 한다.

– 구성성분의 명칭 및 조성

보통 화학물질은 여러 가지 물질이 혼합된 것이 대부분이다. 따라서 각 성분을 표시하도록 되어 있으며, 각 물질의 함유량을 모두 더했을 때 100이 되어야 한다.

– 화학물질명 또는 이명(異名)

카스(CAS)번호 또는 식별번호 : 각 물질별로 자료를 쉽게 찾을 수 있도록 부여한 번호 함유량 구성성분과 관련하여 가장 문제가 되는 것은 '영업비밀' 이다. 제조회사에서 고유한 기술로 만들어서 영업비밀로 유지하기를 원할 때는 성분명, 카스번호, 함량을 제공하지 않을 수 있다. 단, 다음과 같은 때에는 자료를 제공해야 한다.

- 산업보건의나 근로자의 건강진단 관련 의사가 긴급 치료 목적 요청 시
- 보건관리자가 근로자 건강보호 목적 요청 시
- 직업병 발생 등 중대한 건강상 장해 발생 시 근로자, 근로자 대표가 단체협약이나 안전보건관리 규정에 따라 요구할 경우, 영업비밀이라고 되어 있는 항목이 있어 자료가 부실하다고 판단할 때는 보건관리자에게 요청하여 제조업체로부터 영업비밀에 관한 내용을 요구해야 한다.

– 위험, 유해성

– 응급조치 요령

언제, 어떤 사고가 발생할지 모르기 때문에 응급조치 요령에 대해서는 반드시 숙지하고 있어야 한다. 피부 접촉의 경우 매우 자주 일어난다.

유기용제류는 피부로 흡수가 매우 잘 되기 때문에 조치요령에 따라 씻어내야

한다.

• 눈에 들어 갔을 때

• 피부에 접촉했을 때

• 흡입했을 때

• 먹었을 때

• 의사의 주의사항

– 폭발, 화재 시 대처방법

폭발이나 화재가 발생할 때, 노동자는 기계나 시설물보다는 자신의 생명을 먼저 보호해야 한다. 자신의 생명을 보호하기 위해서 가장 중요한 것은 폭발이나 화재 시 어떠한 위험이 발생하는지 이해하고, 그에 맞는 조치를 취하는 것이다.

• 인화점 : 불이 붙는 온도

• 자연 발화점 : 온도가 상승했을 때 저절로 불이 나는 온도

• 최저인화한계치/최고인화한계치(폭발상한치/폭발하한치)

• 소방법에 의한 분류 및 규제내용 : 여섯 가지 종류로 구분

유별	성질	종류
1	산화성 고체	아염소산염, 염소산염, 과염소산염, 무기과산화물, 브롬산염, 질산염, 요오드산염, 삼산화크롬, 과망간산염, 중크롬산염
2	가연성 고체	황린, 황화린, 적린, 유황, 철분, 마그네슘, 금속분류
3	자연 발화성 물질, 금수성 물질	칼륨, 나트륨, 알킬알루미늄, 알킬리튬, 알카리 금속(칼륨, 나트륨 제외) 및 알카리 토금속, 유기금속화합물(알킬알루미늄, 알킬리튬 제외), 금속수소화합물, 금속인화합물, 칼슘이나 알루미늄의 탄화물
4	인화성 액체	특수 인화물, 제1석유류, 알코올, 제2석유류, 제3석유류, 제4석유류, 동식물유
5	자기 반응성 물질	유기과산화물, 질산에스테르, 셀룰로이드, 니트로 화합물, 아조 화합물, 디아조 화합물, 히드라진 유도체
6	산화성 액체	과염소산, 과산화수소, 황산, 질산

• 소화방법 및 장비 : 독성증기 등과 관련하여 필요한 진화방법 및 장비에 대한 정보를 제공, 만약 이것이 갖춰지지 않으면 대피해야 함.

• 연소 시 발생 유해물질 : 사망 등의 피해를 초래하는 물질이므로 잘 알아둘 것.

• 사용해서는 안 되는 소화제 : 물을 넣으면 더 폭발할 위험도 있으므로 잘 알아둘 것.

– 누출사고 시 대처방법

환경보호를 위해 있는 항목이며, 인체를 보호하기 위한 조치사항도 있다. 많은 사업장에서 화학물질의 누출로 인하여 사망 또는 질병에 걸린 사례가 있다. 이 때에는 급성으로 고농도의 화학물질에 노출될 수 있기 때문에 반드시 조치사항을 읽어보아야 한다.

• 인체 보호 조치사항

• 환경보호 조치사항

• 정화(제거) 방법

– 취급 및 저장방법

• 안전취급 요령 : 적절한 보호구나 환기장치에 대한 권고가 있을 경우 반드시 따라야 한다.

• 보관방법 : 보관상의 잘못으로 인해 폭발, 누출 등이 발생할 수 있으므로 잘 읽어보아야 한다.

– 노출방지 및 개인보호구

• 공학적 관리방법 : 환기장치에 대한 권고가 있으므로 국소배기장치를 권유한 경우가 없으면 반드시 요구해야 한다. 만약 효율이 떨어지는 것 같을 경우 물질안전보건자료를 근거로 수리나 조치를 요구할 수 있다.

• 호흡기 보호 : 호흡보호구의 종류를 알 수 있다.

• 눈, 손 보호 : 장갑은 오히려 화학물질에 의한 피해를 더 크게 할 수 있기 때문에 권하는 장갑을 착용해야 한다.

• 신체보호

• 위생상 주의사항

• 노출기준 : 우리나라의 노출기준이 제공되는 경우도 있고, 외국의 것과 함께 비교되는 경우도 있다. 외국의 노출기준이 우리나라 것보다 낮은 경우가 많기 때문에 충분히 참고할 수 있다. 미국 노동부의 노출기준이 나와 있으면, 미국 노동부에서는 노출기준의 1/2 농도로 관리하고 있다는 사실을 이해하고, 내 작업장의 농도도 그 수준보다 낮아야 된다고 주장할 수 있다. 만약 우리나라 농도만 제공된다면 미국 ACGIH TLV, 미국 노동부의 PEL을 찾아서 비교해 보자.

– 물리화학적 특성

– 안정성 및 반응성

• 폭발, 화재 시 대처방법과 비슷한 내용이며, 잘 읽어보고 이해해야 한다.

• 화학적 안정성

• 피해야 할 조건 및 물질

• 분해 시 생성되는 유해물질

• 반응 시 유해물질 발생 가능성

– 독성에 관한 정보

급성 독성 자료들의 경우 LD 50이나 LC 50 등으로 표시되어 있는 경우가 많다. 보통 동물을 대상으로 실험한 자료에서 볼 수 있다. 먹여서 실험한 경우에는 LC 50이 되는데 실험대상의 반수가 사망할 때의 화학물질의 양에 해당한다. LC 50은 호흡기로 숨을 쉬면서 마신 양이다. 역시 반수가 사망할 때의 농도라고 볼 수 있다.

생식독성이나 발암성 등에 대한 정보에 가능성 있다고 나올 경우 극히 주의해서 취급해야 하는 물질로 분류해야 한다.

– 환경에 미치는 영향

- 폐기물 처리 시 주의사항
- 운송에 필요한 정보
- 법적 규제현황
- 기타 참고사항

2 다중이용시설

오염원은 환기 시에 유입되는 건물 주변의 대기오염, 환기구의 오염에 의한 세균, 건축자재에 의한 오염에서의 포름알데히드, 라돈, 먼지의 유입, 재실자의 활동에 의한 CO, CO_2, 담배연기, 차량 유입에 의한 지하 역사, 휴게실의 조리기구 등 다양하다. 다중이용시설이라 함은 다음과 같이 규정하고 있으며 유지기준과 권고기준으로 관리하고 있다. 현행은 각각 5가지 항목으로 나누어 규정을 두고 있다.

(1) 다중이용시설의 규정

1. 모든 지하역사(출입통로 · 대합실 · 승강장 및 환승통로와 이에 딸린 시설을 포함)
2. 연면적 2,000m^2 이상인 지하도상가(지상건물에 딸린 지하층의 시설을 포함하며, 연속되어 있는 둘 이상의 지하도상가의 연면적 합계가 2,000m^2 이상인 경우를 포함)
3. 철도역사의 연면적 2,000m^2 이상인 대합실
4. 여객자동차터미널의 연면적 2,000m^2 이상인 대합실
5. 항만시설 중 연면적 5,000m^2 이상인 대합실
6. 공항시설 중 연면적 1,500m^2 이상인 여객터미널
7. 연면적 3,000m^2 이상인 도서관
8. 연면적 3,000m^2 이상인 박물관 및 미술관
9. 연면적 2,000m^2 이상이거나 병상 수 100개 이상인 의료기관

10. 연면적 500m² 이상인 산후조리원
11. 연면적 1,000m² 이상인 노인요양시설
12. 연면적 430m² 이상인 국공립어린이집, 법인어린이집, 직장어린이집 및 민간어린이집
13. 모든 대규모점포
14. 연면적 1,000m² 이상인 장례식장(지하에 위치한 시설로 한정)
15. 모든 영화상영관(실내 영화상영관으로 한정)
16. 연면적 1,000m² 이상인 학원
17. 연면적 2,000m² 이상인 전시시설(옥내시설로 한정)
18. 연면적 300m² 이상인 인터넷 컴퓨터게임시설, 제공업의 영업시설
19. 연면적 2,000m² 이상인 실내주차장(기계식 주차장은 제외)
20. 연면적 3,000m² 이상인 업무시설
21. 구분된 용도 중 연면적 2,000m² 이상인 둘 이상의 용도(규제 「건축법」 제2조제2항에 따라 구분된 용도를 말함)에 사용되는 건축물
22. 공연장 중 객석 수 1천석 이상인 실내 공연장
23. 체육시설 중 관람석 수 1천석 이상인 실내 체육시설
24. 연면적 1,000m² 이상인 목욕장업의 영업시설

(2) 공기질 관리 규정

실내공기질 유지기준(제3조 관련)

<table>
<tr><th>오염물질 항목
다중이용시설</th><th>미세먼지
(PM10)
($\mu g/m^3$)</th><th>이산화탄소
(ppm)</th><th>포름알데히드
($\mu g/m^3$)</th><th>총부유세균
(CFU/m^3)</th><th>일산화탄소
(ppm)</th></tr>
<tr><td>가. 지하역사, 지하도상가, 철도역사의 대합실, 여객자동차터미널의 대합실, 항만시설 중 대합실, 공항시설 중 여객터미널, 도서관 · 박물관 및 미술관, 대규모 점포, 장례식장, 영화상영관, 학원, 전시시설, 인터넷컴퓨터게임시설제공업의 영업시설, 목욕장업의 영업시설</td><td>150
이하</td><td rowspan="3">1,000
이하</td><td rowspan="3">100
이하</td><td>–</td><td rowspan="2">10
이하</td></tr>
<tr><td>나. 의료기관, 산후조리원, 노인요양시설, 어린이집</td><td>100
이하</td><td>800
이하</td></tr>
<tr><td>다. 실내주차장</td><td>200
이하</td><td>–</td><td>25
이하</td></tr>
<tr><td>라. 실내 체육시설, 실내 공연장, 업무시설, 둘 이상의 용도에 사용되는 건축물</td><td>200
이하</td><td>–</td><td>–</td><td>–</td><td>–</td></tr>
</table>

비고

1. 도서관, 영화상영관, 학원, 인터넷 컴퓨터게임시설 제공업 영업시설 중 자연환기가 불가능하여 자연환기설비 또는 기계환기설비를 이용하는 경우에는 이산화탄소의 기준을 1,500ppm 이하로 한다.
2. 실내 체육시설, 실내 공연장, 업무시설 또는 둘 이상의 용도에 사용되는 건축물로서 실내 미세먼지의 양이 200$\mu g/m^3$에 근접하여 기준을 초과할 우려가 있는 경우에는 실내공기질의 유지를 위하여 다음 각 목의 실내공기정화시설(덕트) 및 설비를 교체 또는 청소하여야 한다.
   가. 공기정화기와 이에 연결된 급 · 배기관(급 · 배기구를 포함한다)
   나. 중앙집중식 냉 · 난방시설의 급 · 배기구
   다. 실내공기의 단순배기관
   라. 화장실용 배기관
   마. 조리용 배기관

실내공기질 권고기준(제4조 관련)

1. 2017년 12월 31일까지 적용되는 기준

<table>
<tr><th>오염물질 항목
다중이용시설</th><th>이산화질소
(ppm)</th><th>라돈
(Bq/㎥)</th><th>총휘발성유기화합물
(μg/㎥)</th><th>석면
(개/cc)</th><th>오존
(ppm)</th></tr>
<tr><td>가. 지하역사, 지하도상가, 철도역사의 대합실, 여객자동차터미널의 대합실, 항만시설 중 대합실, 공항시설 중 여객터미널, 도서관 · 박물관 및 미술관, 대규모점포, 장례식장, 영화상영관, 학원, 전시시설, 인터넷컴퓨터게임시설제공업의 영업시설, 목욕장업의 영업시설</td><td rowspan="2">0.05
이하</td><td rowspan="3">148
이하</td><td>500
이하</td><td rowspan="3">0.01
이하</td><td rowspan="2">0.06
이하</td></tr>
<tr><td>나. 의료기관, 어린이집, 산후조리원, 노인요양시설</td><td>400
이하</td></tr>
<tr><td>다. 실내주차장</td><td>0.30
이하</td><td>1,000
이하</td><td>0.08
이하</td></tr>
</table>

2. 2018년 1월 1일부터 적용되는 기준

<table>
<tr><th>오염물질 항목
다중이용시설</th><th>이산화질소
(ppm)</th><th>라돈
(Bq/㎥)</th><th>총휘발성유기화합물
(μg/㎥)</th><th>미세먼지
(PM-2.5)
(μg/㎥)</th><th>곰팡이
(CFU/㎥)</th></tr>
<tr><td>가. 지하역사, 지하도상가, 철도역사의 대합실, 여객자동차터미널의 대합실, 항만시설 중 대합실, 공항시설 중 여객터미널, 도서관 · 박물관 및 미술관, 대규모점포, 장례식장, 영화상영관, 학원, 전시시설, 인터넷컴퓨터게임시설제공업의 영업시설, 목욕장업의 영업시설</td><td rowspan="2">0.05
이하</td><td rowspan="3">148
이하</td><td>500
이하</td><td>–</td><td>–</td></tr>
<tr><td>나. 의료기관, 어린이집, 노인요양시설, 산후조리원</td><td>400
이하</td><td>70
이하</td><td>500
이하</td></tr>
<tr><td>다. 실내주차장</td><td>0.30
이하</td><td>1,000
이하</td><td>–</td><td>–</td></tr>
</table>

(3) 생활환경 속의 실내 공간(가정, 사무실)

자연환기 시에 유입되는 대기오염물질, 사무기기, 전자제품의 전자파, 건축물의 방사능, 조리 시 입자상 물질, 진공청소기의 미세 먼지 등 다양하며 현재까지 법적인 규제뿐만이 아니고 국민들도 소수를 제외하고 대부분 인지하지 못하고 있는 실정이다.

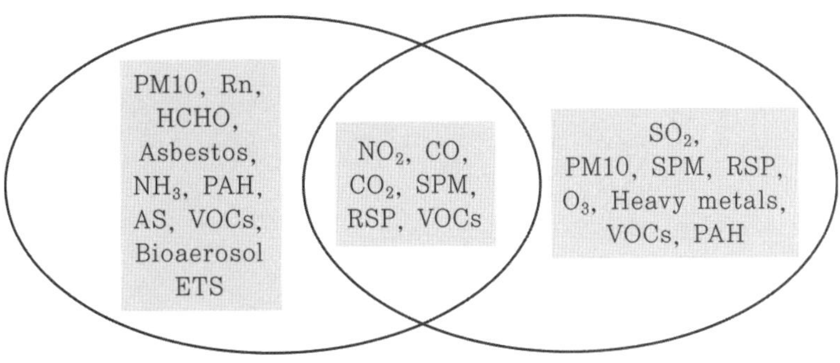

[그림 2-1] **실내 · 외 공통 오염물질**

CHAPTER 03

실내공기오염 물질의 발생 경로

실내공기 환경은 건물의 위치, 다중이용시설의 위치, 건축구조, 냉난방 및 환기구의 위치, 건축마감재, 생활용품, 가구, 재실자의 활동, 사무용기기의 위치 등 다양한 경로에 의해 영향을 받으며 그 외 여러 요소에 의해 발생하며 오염되고 있다. 쾌적한 실내공기질을 위해서는 유입경로의 파악과 적절한 대책이 시급히 요구되고 있는 상황이다.

[표 3-1] **실내오염물질의 발생원 및 영향**

오염물질	주요 발생원	인체영향
먼지, 중금속	실내유입 외부 공기, 실내 바닥 먼지, 생활활동, 이동 등	규폐증, 진폐증, 탄폐증, 석면폐증 등
석면	단열재, 절연재, 석면타일, 석면브, 레이크, 보온재 등	피부질환, 호흡기질환, 석면증, 폐암, 중피증, 편평상피 등
담배연기 (각종가스, PAHs, 먼지 등)	흡연용 담배, 파이프 담배 등	두통, 피로감, 기관지염, 폐렴, 기관지, 천식, 폐암 등
연소가스 (CO, NO_2, SO_2 등)	각종 난방기구, 연소장치, 가정용 가스렌지 등	만성 폐질환, 기도저항 증가, 중추신경 영향 등
라돈	토양, 암석, 지하수, 일부 건축재료 등	폐암 등
포름알데히드	각종 합판, 보드, 가구, 단열재, 소취제, 담배연기, 화장품, 옷감 등	눈, 코, 목 자극증상, 기침, 설사, 어지러움, 구토, 피부질환, 비염, 정서불안증, 기억력상실 등
미생물성물질 (곰팡이, 박테리아, 바이러스, 꽃가루 등)	가습기, 냉방장치, 냉장고, 애완동물	알레르기성 질환, 호흡기질환 등
휘발성유기화합물 (벤젠, 톨루엔, 에틸벤젠자이렌, 스타이렌 등)	페인트, 접착제, 스프레이, 연소과정, 세탁소, 의복, 방향제, 건축자재, 왁스 등	피로감, 정신착란, 두통, 구토, 현기증, 중추신경 억제작용 등

악취(냄새)	실내유입 악취, 체취, 건축재료 사용, 음식물 세척, 조리 등	식욕감퇴, 구토, 불면, 알레르기증, 정신신경증 등
오존	복사기, 프린터 등 생활용품, 연소기기	기침, 두통, 천식, 알레르기성 질환

[표 3-2] WHO와 EU에서 정한 실내공기오염의 주요 오염물질과 발생원

구분	주요 오염물질	발생원
실외	SO_2, SPM/RSP	각종연료의 연소기구, 용광로
	O_3	연소가스, 자동차연소가스, 광화학반응
	Pollen	나무, 풀, 잡초, 식물
	Pb, Cu	자동차
	Cr, Cd	산업장 배출
	VOCs, PAH	석유화학 관련 제품, 자동차 배기가스불완전연소시 증발작용
실내 · 실외	NOx, CO	연료의 연소
	CO_2	연료의 연소, 대사작용
	SPM & RSP	담배연기
	Vapor	생물적 활동, 연소, 증발
	VOCs	휘발작용, 연료의 연소, 도료, 대사작용, 살충제, 방향제
	Fungi	균류
실내	Radon	나무, 건축재료, 물
	HCHO	절연재료, 가구, 담배연기
	Asbestos	난연성 물질, 절연재료
	NH_3	대사작용
	PAH, As	담배연기
	VOCs	접착제, 용제, 요리, 화장품
	Dust	방향제, 도료, 수은 함유제품에서 방출
	Allergen	애완용 동물의 털, 진드기
	Microbes	전염병

PAHs: Poly nuclear Aromatic Hydrocarbons(다핵방향족 탄화수소)
SPM: Suspended Particulate Matter(부유입자상 물질)
RSP: Respirable Suspended Particulate Matter(호흡성 부유입자상 물질)

1 분류

실내공기오염 물질은 입자상 물질, 가스상 물질, 전자파, 다수의 복합가스로 분리된다.

(1) 가스상 물질

실내의 가스상 물질로는 이산화탄소, 일산화탄소, 질소산화물, 황산화물, 오존, 포름알데히드, 기타 휘발성 유기화합물(탄화 수소류) 등으로 일정수준 이상이 되면 건강에 영향을 미치게 된다.

(2) 입자상 물질

입자상 오염물질로 부유먼지 및 세균, 미생물, 라돈, 낭핵종, 석면, 꽃가루, 중금속 류 등이 있으며 본 물질 중 인체에 피해를 주는 입자로는 PM2.5가 특히 영향을 미친다.

- 낭핵종 : 방사선의 붕괴로 생기는 핵종으로 라돈의 알파붕괴로 인해 라듐이 생성되며 이런 방사선 물질을 일컫는다.

(3) 전자파

전자파는 고주파와 저주파로 분리되며 일반적인 마이크로파(라디오파 이상의 단파장)에 비해 저주파에 대해서는 연구가 미진한 상태이다.

ELF	Extremetry Low Frequency (극 저주파)	30Hz
SLF	Low Frequency	300Hz
ULF	Ultra Low Frequency	3,000Hz
VLF	Very Low Frequency	30kHz
LF	Low Frequency	300kHz
MF	Midlle Frequency	3MHz
HF	High Frequency	30MHz
VHF	Very High Frequency	300MHz
SHF	Super High Frequency	30GHz
EHF	Extremetry High Frequency (극 고주파)	300GHz

(4) 복합가스

연소기구에서 발생되는 배기가스, 기타 냄새 등이 있으며 오염물질의 발생 부위와 유입경로에 따라 종류가 달라진다. 휴게소 주변의 건축물의 경우에는 담배연기 또한 복합가스로 분류된다.

2 유입경로

(1) 다중이용시설

실내공기질의 유지 및 권고기준과 쾌적한 공간을 위해서는 유입경로를 파악하고 적절한 관리대책이 필요하다.

[표 3-3] 실내에서의 발생원별 주오염 물질

발생원		발생오염물질
생활용품	난방기구 (연탄, 가스, 석유 등)	CO_2, CO, NH_3, NO, NO_2, 탄화수소류, 취기, 휘발성유기화합물(VOSs) 등
	가습기, 공기정화기	세균, 곰팡이, 바이러스
	방향제, 살충제, 페인트	각종 미량물질(중금속), 휘발성유기화합물(VOSs)
	의류	섬유, 모래먼지, 세균, 곰팡이, 취기, 포름알데히드
	화장품	각종 미량물질, 휘발성유기화합물(VOSs)
	사무기기	암모니아, 오존, 휘발성유기화합물(VOSs)
건축자재	합판류, 내화재, 단열재, 시공 발생물	포름알데히드, 유리섬유, 석면, 접착제, 라돈, 곰팡이, 진드기
외부공기	자동차 배기가스	CO, CO_2, NO_2, SO_2, PAHs, 중금속
	연료의 연소	먼지, NO_2, SO_2
인간활동	대화, 재채기, 기침	세균 및 바이러스
	피부	비듬, 암모니아, 악취
	보행 등의 동작	모래먼지, 섬유류, 세균, 곰팡이
	흡연	먼지, 타르, 니코틴, 각종 발암물질, 휘발성유기화합물(VOSs)

1) 지하역사

지하철의 통행으로 유해물질이 가중되며 지하생활공간은 폐쇄적, 인위적 환경으로 다수인이 이용하고 왕래하는 곳이며 각종 유해물질이 유입되는 공간이다.

① 지하철의 유입 시

지하철이 유입되면서 지하철에 부착되어 있는 미세먼지 및 이물질이 동시에 유입되며, 정지 시에 브레이크라이닝의 마모로 미세먼지 및 석면이 배출될 우려가 있다. 미세먼지량의 80~95%이상을 차지하게 된다.

② 환기장치

지하역사의 청정공간 유지를 위해 환기를 하며 환기 시에 외부공기가 유입된다. 지하역사는 지상의 교통이 번잡한 경우가 대부분이고 외기가 자동차 및 시민의 왕래로 오염이 심한 경우가 많다. 이런 경우, 자칫 지하역사보다 더 오염된 공기가 유입되어 오히려 공기질을 악화시키는 경우가 발생될 수 있다. 또한 환기통로의 오염(설치류 사체 및 세균, 먼지의 축적)이 심화된 경우에 환기통로로부터 오염원이 지하역사로 들어오게 된다. 방지의 방법으로 정기적인 청소 및 환기 공기의 공급 시 Filter 전기방식을 이용하여 청정공기만을 공급하도록 하는 것이 중요하다.

③ 통행인

수천~수만 명의 통행이 이루어지고 있는 바 통행인의 의복 및 바닥, 천장의 부착 먼지가 난류에 의해 공기 중으로 부유하게 된다. 또한 환기가 적절하지 못한 경우는 입자상 물질뿐만이 아니고 이산화탄소, 일산화탄소의 증가 및 산소농도 저하 현상이 된다. 출퇴근시간대에 미세먼지의 농도가 특히 높게 나타나며 환승통로가 있는 경우에 환승통로가 가장 높게 나타나는 현상을 보이고 있다. 출퇴근시간의 환승통로의 오염으로 인해 가쁜 호흡을 하게 되므로 더욱 심각한 것으로 보여 진다. 또한 통로의 경우, 지하로 내려갈수록 미세먼지의 농도가 높아지는 현상을 보이며 이는 지하철의 영향과 미세먼지의 중력침강이 영향을 준 것으로 보인다.

④ 내부 오염원

지하공간의 조리실에서 연소에 의해 발생하는 복합가스(먼지, 일산화탄소, 질소산화물 등)가 주를 이루는 것으로 판단되며, 외부의 기온이 낮은 동절기에 심화되는 것으로 나타나고 있다. 지하매장의 난로 및 의류매장에서 비산되는 먼지 등을 오염원으로 들 수 있다.

⑤ 건축물

생활용품, 건축자재 등에서 발생되는 포름알데히드, 먼지, VOC, 라돈, 중금속류 등이다. 건축자재 중 목재류는 합판의 방부제로 포름알데히드가 사용되고 의류매장의 VOC, 건축물의 밀폐화 과정 중 라돈, 중금속과 최근에는 사라지고 있지만 석면 등이 오염원으로 예상된다.

[표 3-4] **지하공간의 실내공기환경 오염원**

오염물질	오염원
이산화탄소	지하공간근무자, 이용고객, 보행자의 신진대사, 개방형 난방기구의 연소
일산화탄소	개방형 난방기구의 연소
질소산화물	자동차배출가스, 가스난로, 흡연
포름알데히드	단열재, 가구도장재, 각종 접착제와 악취제거제, 난바익구의 연소, 흡연
석면	석면타일, 석면, 슬레이트 등 내화성 건축자재
라돈	콘크리트 옹벽 및 토양
유기화합물	유기용제, 페인트, 합성세제, 방충제
먼지	흡연 및 근무자, 이용고객, 보행자
미생물 세균류	조리, 에어컨, 쓰레기
냄새	인체, 조리, 화장실, 흡연

2) 지하도 상가

지하생활공간은 폐쇄적이며 인위적인 환경으로 다수인이 이용하고 왕래하는 곳이며 각종 유해물질이 유입되는 공간으로 지하역사와 지하철의 유입을 제외하면 거의 동일하다. 상인들이 12시간 이상 상주함으로 인하여 이들의 피해가 우려되는 공간이다. 피해 원인은 연소기기를 과다하게 사용할 경우, 가스상 물질로 질소산화물, 황산화물, 이산화탄소, 일산화탄소 및 만성 산소결핍이 예상되고 애완동물에 의한 알러지성 물질과 세균의 오염 역시 심각한 것으로 보인다.

3) 철도역사

대부분 지상에 자리하고 있으며 지하역사에 비해 폐쇄성이 낮아 상대적으로 피해가 적은 공간이며 주로 통행인에 의한 미세먼지와 열차의 정지 시 발생되는 미세먼지가 원인으로 예상된다. 오히려 황사현상 또는 동절기에 심화되는 대기오염으로 실내공기질이 악화되는 경우가 빈번하며 자연환기보다 강제 정상적인 환기방식이 요구된다.

4) 여객자동차 터미널

오염원은 철도역사와 유사하지만 피해 정도는 출입 및 대기 시의 자동차의 연소과정에서 발생되는 미세먼지, 알데히드류, 머르캅탄류, 질소산화물 등 가스상 물질로 인한 피해 등 다양하며 음식물의 조리 시에 발생되는 연소가스 및 튀김류에서 발생되는 미세먼지, 주변의 흡연에 의해 발생되는 복합오염물질로 심각해지는 상황이다. 또한 지상인 관계로 적절한 환기 역시 부족한 상태이다.

5) 항만시설 중 연면적 5,000㎡ 이상인 대합실

자동차 배기가스에 의한 피해가 적은 것을 제외하면 여객자동차 터미널과 흡사하지만 항만의 특성상 악취가 심화되는 상황이다.

6) 공항시설

항만시설 및 여객자동차 터미널과 유사하지만 공항의 특수성으로 환기가 비교적 잘 이루어지는 편이며 오염물질의 종류와 유입경로는 대부분 통행인에 의한 미세먼지가 주를 이루고 있다.

7) 도서관, 박물관 및 미술관

오염물질은 미세먼지로 관람객의 이동에 따른 원인으로 판단되고 환기가 부적절할 경우 이산화탄소에 의한 산소결핍을 초래할 수 있다.

8) 의료기관, 산후조리원, 노인요양시설

환자에 의한 바이러스 감염, 살균제에 의한 알데히드류의 유해물질이 예상되며 보호자의 통행에 의한 미세먼지 등이 예상된다.

9) 국공립어린이집, 법인어린이집, 직장어린이집 및 민간어린이집

어린이집은 미세먼지가 주이다. 어린이들의 움직임으로 바닥, 의류에 부착된 먼지가 난류에 의해 떠오르는 현상으로 미세먼지의 대책이 절실하다.

10) 모든 대규모 점포

통계조사에 의하면 유동인구가 많음으로 인해 미세먼지가 실내공기오염 인자로 나타나고 있다. 대표적으로 대형마트, 백화점 등이 해당되며 분야별로 유해인자의 성상은 달라진다. 일반적으로 환기가 잘 이루어지는 편이지만 환기장치의 관리 및 청소가 취약하여 관리점검이 필요하다. 식품코너의 경우에는 조리 시 발생되는 미세입자가 폐암을 유발할 수 있고 연소장치 및 통행량에 의한 산소부족, 이산화탄소, 질소산화물, 일산화탄소 증가 등 다양하게 나타난다. 그 밖의 매장은 미세먼지가 주를 이루고 있다. 의류 및 침구류 등이 원인이 된다.

11) 장례식장, 영화상영관, 학원, 전시시설, 인터넷 컴퓨터게임시설

유동인구에 의한 미세먼지, 다수의 장시간 체류에 의한 산소결핍 등이 실내공기질의 저하로 꼽힌다. 영화상영관의 경우 산소결핍과 이산화탄소의 증가는 만성산소결핍으로 이어질 수 있다.

12) 실내주차장

자동차 배기가스가 주이며 자동차 배기가스의 성상은 미세먼지, HC, NOx, CO, 유리탄소, CO_2, SH류 등 다양하다. 미세먼지는 직접적으로 인체의 호흡기에 피해를 주고, CO_2는 온실가스에 직접적으로 영향을 준다. HC, NOx는 대기 중 광화학 반응을 수반하여 O_3 및 다른 광화학 산화물을 생성시킨다. O_3은 호흡기 질환 및 건축물의 부식, 기타 물질의 산화 작용으로 많은 피해를 준다. HC 중 오레핀계는 반응성이 뛰어나서 특히 많은 영향을 준다.

자동차 배기가스의 상황별로 보면 Idling(공회전), 가속, 감속, 정속 등으로, 이를 오염원으로 분리하면 많은 차이가 있다. 가속 시에는 NOx가 주성분이 되고, 감속 시에는 CO, HC 등이 주성분으로 배기되고 있다. 이는 과잉공기가 주입되고 연소온도가 높을 경우와 불완전 및 저온 연소로 분리되기 때문이다.

[표 3-5] **연료별 · 운전조건별 배출가스의 비율**

연료별	운전조건	일산화탄소 (%)	탄화수소 (ppm)	질소산화물 (ppm)	아황산가스 (ppm)
휘발유	아이들링	4.0~10.0	300~2,000	50~1,000	0
	가속 (0~40km/hr)	0.7~5.0	300~600	1,000~4,000	
	정속 (40km/hr)	0.5~4.0	200~400	1,000~3,000	
	감속 (40~0km/hr)	1.5~4.5	1,000~3,000	50~55	
LPG가스	아이들링	2.0~5.0	150~1,000	40	~ 0
	가속	0.7~2.5	190~350	120~2,000	
	정속	0.4~1.0	120~200	4,500	
	감속	1.5~4.0	2,000~4,000	60	
경유	아이들링	0	300~500	50~70	20~100
	가속	0~0.1	200	800~1,000	
	정속	0	90~150	200~1,000	
	감속	0	300~400	30~55	

$NO_2 \rightarrow NO + O$

$O + O_2 \rightarrow O_3$(오존)

$NO + O_3 \rightarrow NO_2 + O_2$

$C_xH_y + O_3 \rightarrow$ RCHO(aldehyde)

RCHO + NO + $NO_2 \rightarrow$ PAN(peroxyacetyl nitrate)

PAN + O_3 + RCHO $\rightarrow$ oxidant

대기 중의 SO_2도 O_3의 존재 하에서

$SO_2 \rightarrow SO_3 \rightarrow H_2SO_4$

[그림 3-1] **광화학 반응 과정 중 염의 형성 과정**

13) 업무시설

실내 작업자의 업무효율을 위하여 쾌적한 실내 환경이 절실히 필요한 곳이다. 통계에 의하면 사무실의 공기질이 좋지 않다고 느끼는 사람이 70%를 초과한다. 또한 빌딩증후군을 느끼는 경우도 60%를 초과한다. 사무실 근무자의 80% 정도가 피로감, 나른함, 졸림현상으로 무기력을 느끼고 있다. 가장 큰 원인으로는 환기 즉, 공조의 미비를 이야기 한다. 발생 유해물로는 근로자의 보행에 의한 피부 및 의복에서의 발진, 사무기기의 전자파 및 오존 발생 등이 원인이다.

14) 건축물

건축자재 중 마감재의 경우 합성수지 등의 화학제품이 많이 사용되어 포름알데히드 같은 유해가스가 많이 방출되며 합성수지 및 나무의 바닥재에서도 포름알데히드, 휘발성유기화합물 등이 배출된다. 방사선 물질인 라돈은 암석과 토양에서 자연적으로 발생되는 물질로 건축자재인 콘크리트, 시멘트 등을 통해 실내로 유입된다. 한편 페인트는 제품에 톨루엔이 포함되어 있어 실내 휘발성유기화합물을 유발시킨다.

15) 실내 공연장, 체육시설

유해인자는 일반 건축물과 유사하지만 운동에 따른 와류형성으로 미세먼지가 다량 부유하고 있으며 카펫소재에 의한 포름알데히드, 트리클로로에틸렌, 생물학전 진드기 등 세균류가 배출될 수 있다.

16) 목욕장

탈의실에서의 미세먼지, 세균이 주를 이루고 있으며 세균은 특히 적절한 온도와 습도로 인해 성장에 적합한 조건을 갖추고 있다. 또한 부적절한 환기 속의 흡연실의 영향으로 복합가스에 노출된다.

(2) 생활환경 속의 실내 공간

대도시에서의 주거 환경은 건축물의 다양화로 변화되고 있으며 밀폐화되고 있다. 그에 따른 실내공기질은 점점 악화되고 있는 반면 대부분의 생활 중 80% 이상을 실내에서 생활한다. 따라서 저농도일지라도 피해는 심각한 수준으로 가고 있다. 현재까지는 대기환경만이 건강에 피해를 준다고 생각하지만 사실은 실내 공기질이 더 많은 영향을 준다.

재실자 들은 온도, 습도 등에는 민감하고 쉽게 대처가 가능하지만 미세먼지, 산소부족, 세균, 라돈, 전자파, 기타 가스상 물질에 관해서는 민감하지 않고 관대하다. 일반적으로 주거용 시설은 안전성, 생리적, 생활적 만족, 정신적 충족 등이 구비되어야 한다. 따라서 최근에는 친환경 건축, 무공해 건축자재, 실내가구의 친환경성이 등장하고 있다. WHO에서는 건강한 주거환경이란, '구조적으로 안정되고 사고에 위험이 없으며 모든 사람이 만족할 수 있는 주거환경'이라 정의하고 있다.

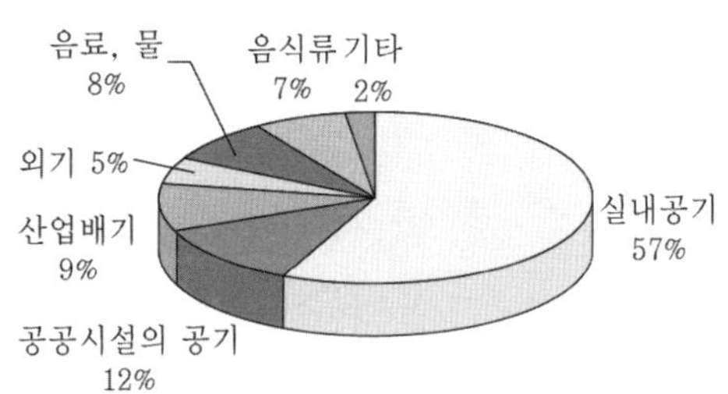

[그림 3-2] **인체의 1일 물질 섭취량의 비율**

1) 실내공기오염의 주요인자

온도, 풍속, 습도와 같은 물리적 인자, 이산화탄소 및 이산화탄소, 질소산화물, 미세입자(먼지, 액적), 포름알데히드, 방사선(라돈) 같은 화학적 인자, 세균, 바이러스, 진드기 같은 생물학적 인자 등으로 분리되며 이중 화학적 인자와 생물학적 인자가 실내공기에 영향을 주는 물질이라 할 수 있다.

2) 물리적인자의 적정 조건

① 최적온도 : (여름 24～27)℃, (겨울 18～21)℃, (봄, 가을 19～23)℃, 일반적으로 15～25℃정도를 적정온도로 한다.

② 최적 습도 : 여름 60%, 봄, 가을 50%, 겨울 40% 정도이며 40～60% ≒ 50%를 적정습도로 하며 70% 이상에서는 부분적으로 결로현상이 나타나게 된다.

③ 풍속 : 0.5m/sec 이하를 일반적으로 무풍상태라 하며 여름에는 1～2m/sec이고 봄, 가을, 겨울은 무풍상태가 적절한 것으로 되어 있다.

3) 실내공간의 분류

주거환경, 대중교통 실내, 자동차 실내 등으로 분류할 수 있다. 이 중 대표적으로 주거환경이 중요시 되고 있다.

4) 주거 환경

연소 및 요리 과정에서 연소가스, 재실자의 이동, 청소기에 의한 부유먼지, 침구류에서 서식하는 진드기 및 세균류, 반려동물에 의한 알러지성 물질 및 세균류, 비적절한 환기에 의한 곰팡이, 건축물에 의한 라돈, 가구에 의한 포름알데히드, 청관제의 염소가스, 휘발성 유기화합물 등 다양하게 발생되고 있다.

① 연소가스

보일러의 연소가스와 주방요리 시에 발생되는 연소가스로 분류되며 보일러의 연소가스는 별도의 배기구가 외부로 연결되어 있지만 주방요리 시의 연소가스는 거의 무방비 상태에 있다. 향후에는 별도의 조리실과 환기장치가 구비되어야 한다. 또한 연소는 산소를 이용하므로 장시간 사용 시는 산소결핍을 초래할 수 있다.

가스연료 중 프로판가스를 예로 연소 반응을 예시하면 다음과 같다.

$C_3H_8 + 5O_2 + 5 \times 3.76N_2 \rightarrow 3CO_2 + 4H_2O + 5 \times 3.76N_2$

$(5 + 5 \times 3.76) \div 1 = 23.8$

$(5/0.21) \div 1 = 23.8$

프로판가스 1mole이 연소하기 위해서는 공기 23.8mole이 필요하고 CO_2 3mole이 생성되므로 산소를 이용하여 CO_2를 생성하는 것이다.

문제 도시가스의 조성이 C_3H_8이 50%, C_4H_{10}이 30%, CH_4이 20%로 구성되었다면 요리를 위해 실내에서 도시가스 13㎥을 연소시킬 경우 O_2, 공기 몇 ㎥이 필요하며, CO_2 몇 ㎥이 발생되는가?

해설 1 $C_3H_8 + 5O_2 + 5 \times 3.76N_2 \rightarrow 3CO_2 + 4H_2O + 5 \times 3.76N_2$

O_2 : (5/1) = 5㎥ × 0.5 = 2.5㎥
공기 : (2.5/0.21) = 11.9㎥
CO_2 : (3/1) = 3㎥ × 0.5 = 1.5㎥

해설 2 $C_4H_{10} + 6.5O_2 + 6.5 \times 3.76N_2 \rightarrow 4CO_2 + 5H_2O + 6.5 \times 3.76N_2$

O_2 : (6.5/1) = 6.5㎥ × 0.3 = 1.95㎥
공기 : (1.95/0.21) = 9.3㎥
CO_2 : (4/1) = 4㎥ × 0.3 = 1.2㎥

해설 3 $CH_4 + 2O_2 + 2 \times 3.76N_2 \rightarrow CO_2 + 2H_2O + 2 \times 3.76N_2$

O_2 : (2/1) = 2㎥ × 0.2 = 0.4㎥
공기 : (0.4/0.21) = 1.9㎥
CO_2 : (1/1) = 1㎥ × 0.2 = 0.2㎥

해설 4 답 : $C_3H_8 + C_4H_{10} + CH_4$ = 도시가스

O_2 = 2.5 + 1.95 + 0.4 = 4.85㎥
공기 = 11.9 + 9.3 + 1.9 = 23.1㎥
CO_2 = 1.5 + 1.2 + 0.2 = 2.9㎥

[표 3-6] 가스레인지에서의 오염물질 배출계수

	Heat Input Rate	Emission Factors(μg/kcal)									
		Gases, Mean and Standard Deviation							Particulate Matter		
		CO	NO	NO_2	SO_2	HCN	HCHO	CO_2	Carbon	Sulfur as SO_4^{2-}	Total Respirable Mass
Range top Burners	kcal/burner-hr										
18 Ranges, 72 burners operated with water-filled cooking pots (Bells et al., 1975; Hummel and Dewerth, 1974)	2270-3020	146[a]	87.7±18.8	36.5±9.7				195,000			
Older stove, cast iron burners											
1 Burner, high flame	2700	382	92.6	51.8							
3 Burners, high flame	2260	475	117	72.8							
New stove, pressed-steel burners											
1 Burner, high flame	3500	510	130	79.0							
3 Burners, high flame	3400	315	138	65.6							
(Yocum, 1981)											
4 Stoves operated with water filled cooking pots (Hollowell et al., 1976)	2500	890	31	85	0.8	0.07[b]	5.2	205,000	0.9	0.05	1.7
Japanese stoves											
4 Town gas(4493kcal/Nm³)	2050		8.7[c]								
2 LPG(23,800kcal/Nm³)	3100		7.9[c]								
(Yamanaka et al., 1979)		645									
American Gas Corporation	2500										
British Gas Corporation	kcal/hr		136[c]								
Pilot Lights	40.1-43.8	140[d]		23.4±3.2				195,000			
9 Range top(average)		114	39.9±3.2	24.9							
3 Free-standing single flame with flashtube			43.6								
		88		21.3							
3 Free-standing single flame with flashtube and shield around flame			41.3								
3 Free-standing single flame with flashtube and shield around and above flame(most popular)		182	38.6	23.6							
5 Range ovens and broiler(average)											
3 Constant-input pilot	43.1-44.6	1043[e]	2.3±3.6	54.1±10.6				195,000			
2 Standby pilot mode(tested) and separate ignition mode		1376	1.1	61.3							
(Belles et al., 1975; Himmel and Dewerth, 1974)		829	3.9	42.6							
Range top											
Cast iron burners	150	419	45.3	54.6							
Pressed-steel burners	100	842	4.7	18.6							
(Yocum, 1981)											

	Heat Input Rate	Emission Factors(μg/kcal)									
		Gases, Mean and Standard Deviation							Particulate Matter		
		CO	NO	NO_2	SO_2	HCN	HCHO	CO_2	Carbon	Sulfur as SO_4^{2-}	Total Respirable Mass
Ovens and Broilers	kcal/hr			31.0±10.7				195,000			
27 Units	2770–6050	105[f]	97.7±24.0								
(Belles et al, 1975; Himmel and Dewerth, 1974)											
Steady state											
Older oven	2200	530	91.4	73.1							
Newer oven	2200	1620	77.9	50.4							
(Yocom, 1981)											
Steady state											
11 Ovens at 180℃(350℉)	2000	950	29	62	0.8	1.8[g]	11.4	200,000	0.13	<0.01	
(Hollowell et al, 1976)											
American Gas Association Standard		645									
British Gas Corporation			85[c]								

[a] Two–thirds of the data included within 35% and 284% of the average.
[b] One run.
[c] $NO+NO_2$
[d] Two–thirds of the data included within 69% and 145% of the average.
[e] Two–thirds of the data included within 59% and 169% of the average.
[f] Two–thirds of the data included within 40% and 247% of the average.
[g] Average of three runs.

② 재실자의 이동

재실자의 이동은 의복으로부터 미세먼지가 발진되고 바닥에 착지해 있던 미세먼지를 난류현상으로 공기 중으로 부유하게 한다.

③ 진공청소기에 미세먼지 부양

진공청소기의 사용 시에 많은 미세먼지가 공기 중에 부유하게 하며 그 크기는 PM10 이하로 RSP(호흡성 입자상 물질)이며 인체의 하기도까지 유입되어 폐포의 전달 및 혈관까지 전달되는 입자상 물질로 실내공기질에 큰 영향을 미치게 된다.

진공청소기의 현재 기술은 filter 방식과 cyclone 방식을 이용하고 있으며 이 방법은 10㎛이하는 약간의 제거(20～30)%만 가능한 것으로 나타난다. 다만 최근의 공동주택은 배출구가 별도로 되어 있어서 좋은 방법이라 생각되지만 좀 더 개선이 필요하고 구 주택에 대해서는 미세먼지 PM2.5를 제거할 수 있는 방법이 시급한 상황이라 판단된다.

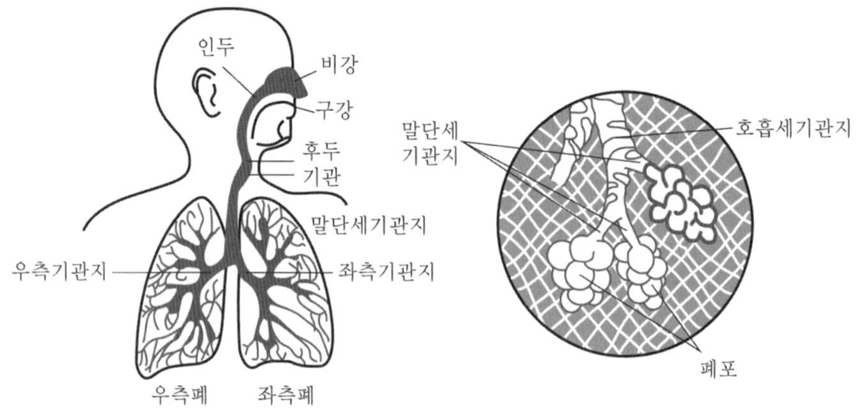

[그림 3-3] **인간의 호흡 계통도**

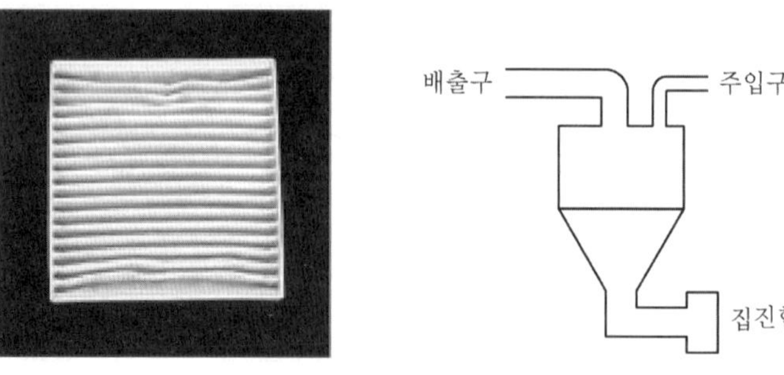

[그림 3-4] **청소기 필터 모형**

[그림 3-5] **사이크론식 모형**

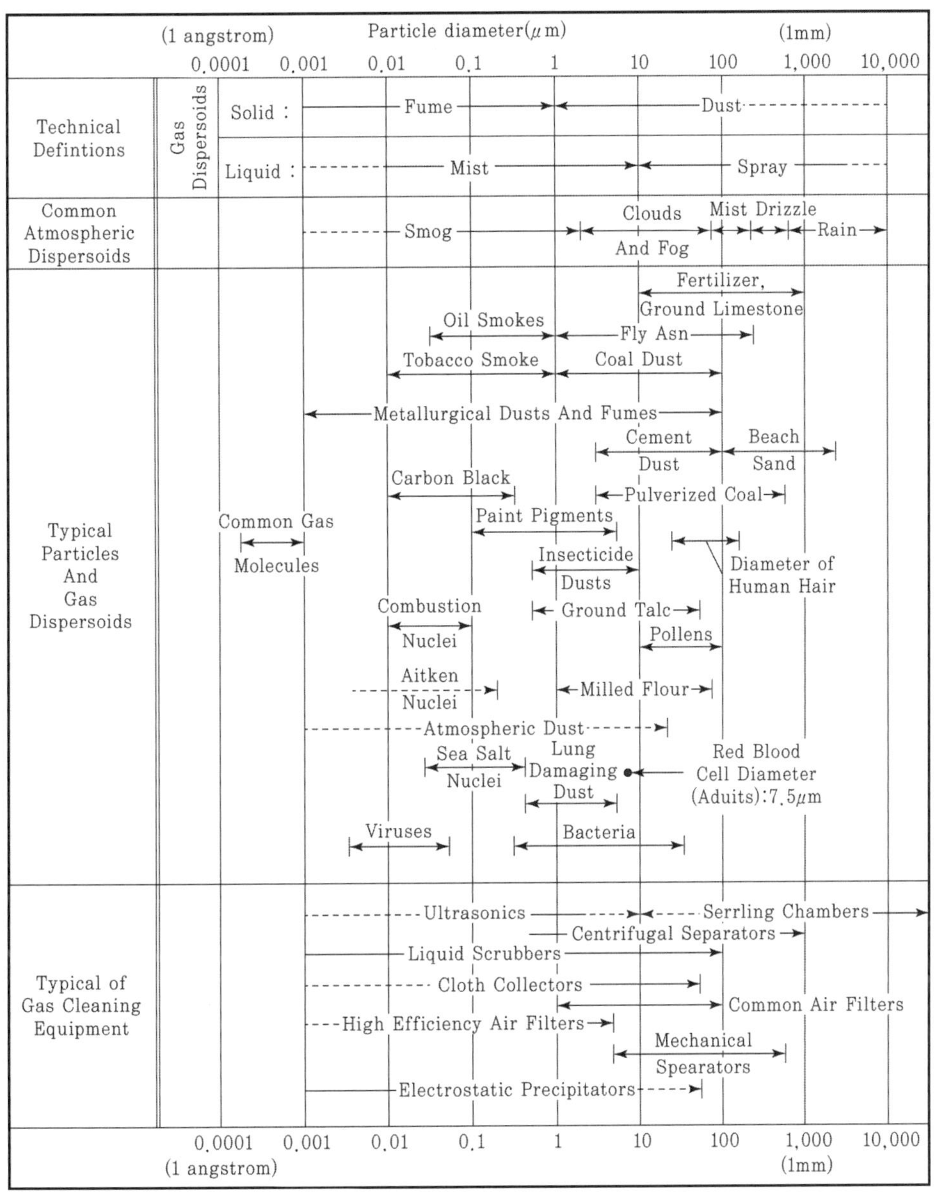
(1 angstrom)
Particle diameter(μm)
(1mm)
0.0001 0.001 0.01 0.1 1 10 100 1,000 10,000
Technical Defintions
Gas Dispersoids
Solid :
Fume
Dust
Liquid :
Mist
Spray
Common Atmospheric Dispersoids
Smog
Clouds And Fog
Mist Drizzle
Rain
Typical Particles And Gas Dispersoids
Fertilizer, Ground Limestone
Oil Smokes
Fly Asn
Tobacco Smoke
Coal Dust
Metallurgical Dusts And Fumes
Cement Dust
Beach Sand
Carbon Black
Pulverized Coal
Paint Pigments
Common Gas Molecules
Insecticide Dusts
Diameter of Human Hair
Combustion Nuclei
Ground Talc
Pollens
Aitken Nuclei
Milled Flour
Atmospheric Dust
Sea Salt Nuclei
Lung Damaging Dust
Red Blood Cell Diameter (Aduits):7.5μm
Viruses
Bacteria
Typical of Gas Cleaning Equipment
Ultrasonics
Serrling Chambers
Centrifugal Separators
Liquid Scrubbers
Cloth Collectors
Common Air Filters
High Efficiency Air Filters
Mechanical Spearators
Electrostatic Precipitators
0.0001 0.001 0.01 0.1 1 10 100 1,000 10,000
(1 angstrom)
(1mm)

[그림 3-6] **입경 분포**

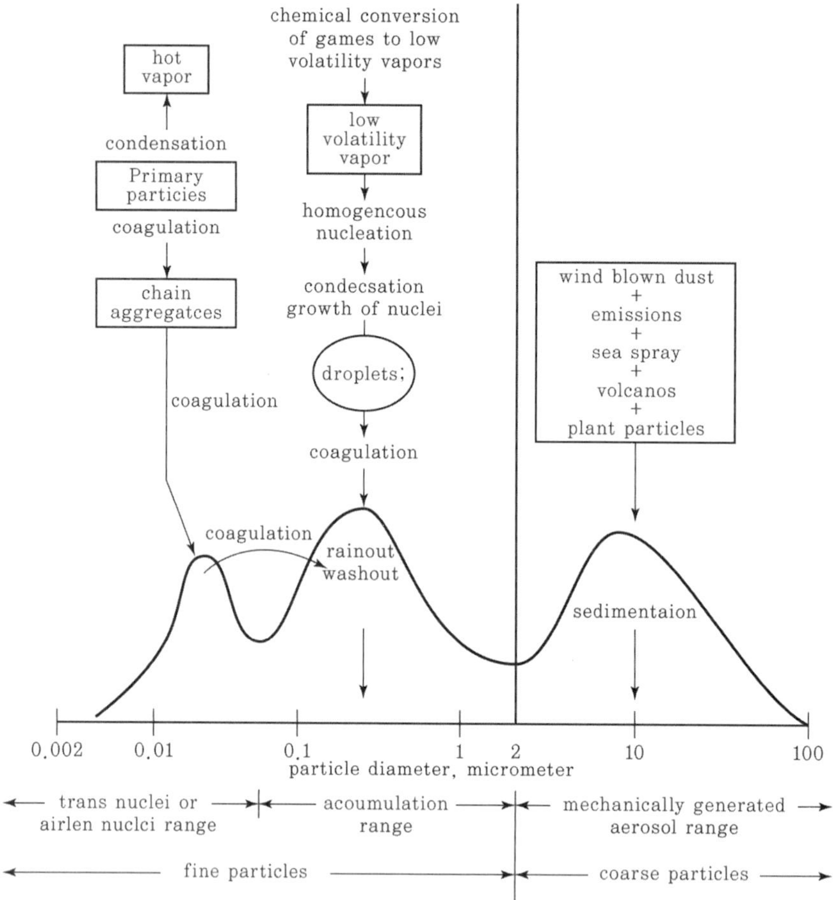

[그림 3-7] 대기 중 입자상 물질의 자연 침강 메커니즘

④ 침구류의 진드기 및 세균

0.1~0.3mm 정도의 크기로 눈에 보이지 않는 작은 집먼지 진드기는 매트리스, 천 소파, 카펫, 이불, 베개, 쿠션 등 패브릭으로 된 곳에서 사람의 피부각질을 영양분으로 살아간다. 심한 경우 침대에서만 수백만 마리 이상이 발견되기도 한다. 진드기의 종류로는 긴털가루형 진드기, 유럽형 진드기, 미국형 진드기 등이 알려져 있다.

[그림 3-8] 집먼지 진드기

- 집먼지 진드기의 서식 조건
  - 온도 : 섭씨 25도 정도
  - 습도 : 상대습도 50% 이상
  - 영양분 : 사람의 피부각질, 비듬 등
  - 빛 : 빛이 들어오지 않는 어두운 곳

⑤ 곰팡이

크게 균류 전체를 말하기도 한다.

전체 균류의 일부분에 지나지 않으므로 곰팡이의 종류는 적어도 4만 종(種)을 훨씬 넘을 것으로 추정되며, 매년 1,000~2,000여 종의 새로운 곰팡이들이 보고되고 있다. 곰팡이는 토양, 물 속 등 거의 모든 곳에 분포하고 때로는 살아 있는 생물에 기생하기도 한다. 대부분의 불완전균류들은 유성생식을 하지 않고 무성생식에 의해 번식한다.

대부분의 곰팡이들은 상대습도가 95~100%일 때 가장 잘 자라고 10~40℃에서 살아가며, 최적 온도는 25~35℃이다. 냉장식품을 부패시키는 곰팡이들은 낮은 온도에서도 잘 자란다. 사람의 병원균들은 37℃가 최적 온도이지만, 흙과 같은 자연 상태에서 서식할 때에는 25℃가 최적 온도이다. 또한 대부분의 곰팡이는 호기성이며 낮은 pH에서도 생존(박테리아와 다른 점)

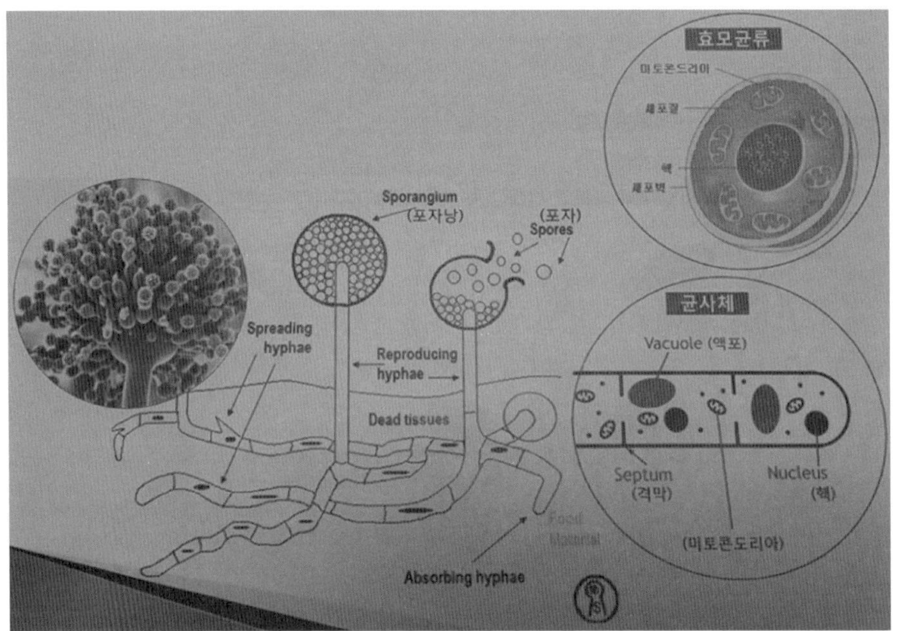

[그림 3-9] **곰팡이**

⑥ 라돈(Radon)

토양이나 암석 등 자연계의 물질 중에 함유된 우라늄, 토륨 등이 연속 붕괴하면서 생성되는 라듐이 토양에 존재하게 되고 라듐이 붕괴하면서 생성된다. 불활성 기체의 무색, 무미, 무취의 방사성 가스이며 건물지반, 주변토양, 광석, 천연가스 등에서 발생된다.

⑦ 포름알데히드(HCHO)

자극적인 냄새가 나는 무색의 환원성이 강한 기체로 건설재료와 건축물에 널리 사용되며 연소과정에서도 부산물로 발생 된다. 실내공기질에 영향을 주는 가구의 대부분인 MDF합판의 접착제 성분과 건축 마감재의 화학제품의 사용량이 원인으로 되어 있다.

눈, 코 등의 자극작용으로 알려지고 불쾌감, 기침, 구토, 호흡곤란, 발암성 물질로 인정되고 있다.

⑧ 염소

집안의 하수구의 막힘에 사용되는 상품 중에 $NaClO_2$, NaClO 등이 함유되어 있어 자유산소가 강력한 산화성 물질로, 분해에 의해 뚫어지게 된다. 이때 발생되는 냄새에 염소냄새가 함유되어 있다.

⑨ 휘발성 유기화합물(Volatile Organic Compounds)

발생 경로는 다양하다. 드라이크리닝 후에 발생되는 TCE, 생활용품 및 장식용 가구인 가죽제품, 섬유제품, 페인트, 스프레이 사용 등 발생되는 BTEX 등이 있으며 대부분의 석유화학계에서 발생되는 물질이다.

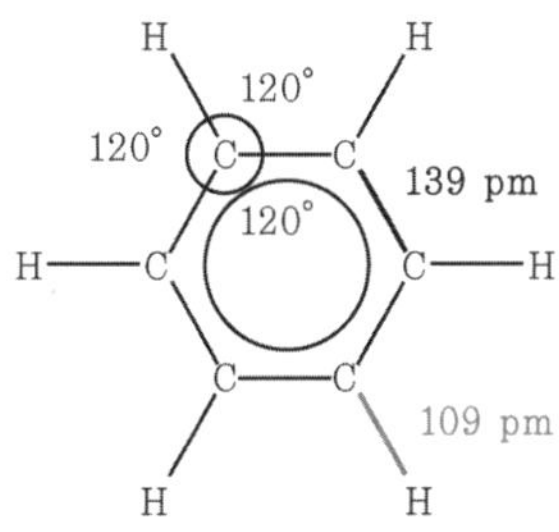

[그림 3-10] 방향족의 구조

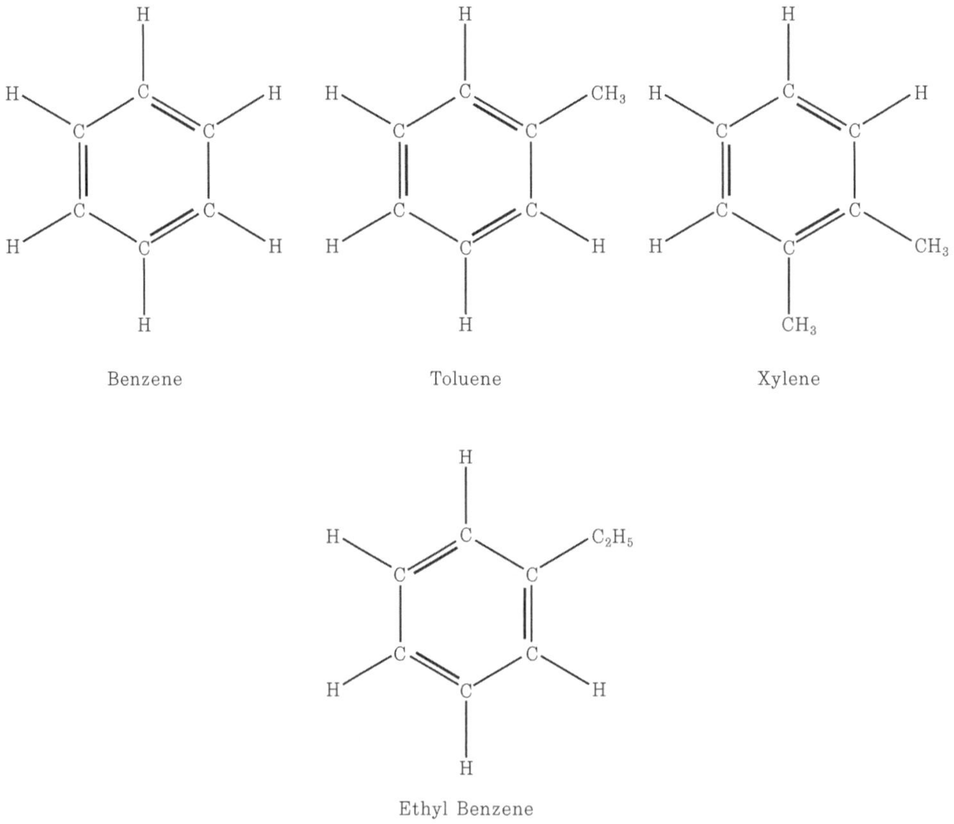

[그림 3-11] BTEX의 구조

⑩ 담배연기

담배연기 속에는 약 4,000여 종의 독성물질이 함유되어 있다.

과거, 담배연기에 의한 피해는 심각했었다. 대부분의 한국인은 실내에서 흡연을 했으며 공공장소, 기차, 비행기 등 어느 장소에서나 흡연이 가능했다. 그러나 지금은 자신의 집은 물론 주위의 민원으로 인하거나 또는 가족의 권유로 흡연이 금기시되고 있다. 그러나 가까운 일본과 중국은 조금 다르다. 일본의 경우, 술집가에서 흡연이 가능하고 중국은 거의 대부분의 장소에서 흡연이 가능하다. 현재의 유입 경로는 실내보다 실외에서 보행 중 흡연에 노출되는 경우가 많으며 일부가 자가의 실내에서 흡연을 할 경우 연기가 올라가거나 화장실에서 흡연을 할 경우 공동구를 통해 윗층에 피해를 주게 된다.

⑪ 악취

악취의 발생은 너무도 복잡하고 다양하다. 발생하는 물질은 질소 또는 황을 함유하는 유기화합물이 많으며 이들은 아민류(N계), 메르캅탄류(S계), 단백질 및 지방이 분해되어 생성되는 물질, VOC, 기타 화학물질(알데히드류, 캐톤류, 질소산화물, 황산화물)이 대부분이다.

S계는 H_2S, CH_3SH, $(CH_3)_2S$ 등이 주를 이루며 N계는 NH_3, CH_3NH_2, $(CH_3)_2NH$, $(CH_3)_3N$ 등이 주이다. N계에서의 주 악취물질은 $(CH_3)_3N$, NH_3이다.

VOC는 휘발성 유기화합물의 총칭으로 대기환경보전법에서 사용하며 악취 방지법에서는 THC(total hydro carbon, 총탄화수소류)로 독일을 비롯한 선진국에서는 탄소량으로 규정, 주 물질은 C_6H_6(벤젠), $C_6H_5CH_3$(톨루엔), $C_6H_4(CH_3)_2$(자일렌)이다.

큰 범위에서 자연 발생원과 인공 발생원으로 분류할 수 있다.

자연 발생원은 박테리아에 의한 혐기성 분해, 의약품류의 대사에 의해 발생하는 경우가 대부분이며 H_2S는 육지에서 6～107ton/year, 바다에서 3×107 ton/year 정도가 지속적으로 자연적으로 발생된다고 영국의 학자에 의해 발표된 바가 있다. NH_3 또한 3×109ton/year이 지속적으로 발생 된다고 한다.

사업장에서 발생되는 악취는 산업 생산활동의 수반 과정에서 발생되며 원재료의 특성상 발생되고 있다. 예를 들면 석유화학계의 사업장에서는 휘발성 유기화합물 등이 배출된다. 주성분으로는 BTEX가 대표적이며 악취에서는 THC로 규정한다. 물론 이 경우에는 휘발성 유기화합물(VOC)로 별도로 규정하고 있다. 반도체 및 LCD등에서는 PFC(Per Fluorinated Carbon)로 부터 발생되는 불소계의 악취물질, 비료공장에서 발생되는 N계의 냄새, 타이어 공장의 알데히드, 케톤 등을 예로 들 수 있으며 특히 고온에서의 건조(피 도금 물체), 혼합(제약, 식품), 발효(주류, 음료), 등에서 대표적으로 발생된다.

인류의 생활 속에서 발생되는 것으로는 소각, 쓰레기 더미, 분뇨, 가축 사육장, 하수처리장 특히 농수산물 시장의 쓰레기 적치장, 아파트 등 마을 주변의 쓰레기 하치장, 가정생활 속에서 음식물 쓰레기 등 너무나 다양하다. 이런 것들의 냄새의 종류는 소각의 경우를 제외하고 거의 획일화되어 있으며 대부분이 혐기성 발효에 의해 발생된다. 생활환경의 경우에는 흡연, 가정의 음식물 쓰레기, VOC, 자연환기에 의한 외기 및 개방구(자동차 배기가스, 쓰레기), 하수구 등을 예로 들 수 있다. 종류로는 N, S계 등이 대부분이다.

문제 최근 거주지의 실내공기질 중 라돈에 의한 피해가 이슈화되고 있다. 라돈의 특징에 관해 간단히 요약, 설명하시오.

해설 1
1. 자연적으로 존재하는 암석이나 토양에서 발생하는 thorium, uranium의 붕괴로 인해 생성되는 방사성 가스이다.
2. 무색, 무취, 무미한 가스로 인간의 감각에 의해 감지할 수 없다.
3. 라돈은 라듐의 알파(α) 붕괴에서 발생하며 주로 붕괴를 통해 폴로늄으로 변한다. [참고 : α붕괴 → α입자를 내놓으면서 원자가 다른 원자로 변하는 방사능 붕괴를 말한다.
4. 라돈의 동위원소에는 Rn^{222}, Rn^{220}, Rn^{219}가 있으며, 이 중 반감기가 긴 Rn^{-222}가 실내공간에서 인체의 위해성 측면에서 주요 관심대상이다.

CHAPTER 04

실내공기오염 대책

실내공기질은 대상범위가 넓고 광범위하며 영향인자가 다양하다. 외국의 연구사례를 인용하면 측정기술, 연구 및 계몽, 기준값에 의한 행정지도 등 산 · 학 · 연 · 관의 유기적인 연구 검토가 필요하다.

① 실내공기오염의 제어와 예방을 철저히 하고 그에 따른 처리기술이 필요하다.
건축자재의 친환경 자재로의 교체, 조리시설의 격리와 환기, 자외선에 의한 살균, 곰팡이 제거를 위한 적절한 통풍, 실내 공기청정기, 진공청소기, 환기 등의 방법이 있으며 환기 시에는 환기장치의 청결화와 실외의 대기오염도에 유념하여 적절한 클리닝설비가 필요하다.

② 산 · 학 · 연 · 관의 연계성 구축
정부기관의 지원과 행정체계를 효과적으로 구축하고 대학의 연구능력 증대 및 축적기술로 정부와 산업체의 기술 보조 역할, 산업체의 효율적 생산과 기업이윤 창출 및 연구소의 보조적 역할이 효과적으로 이루어져야 한다.

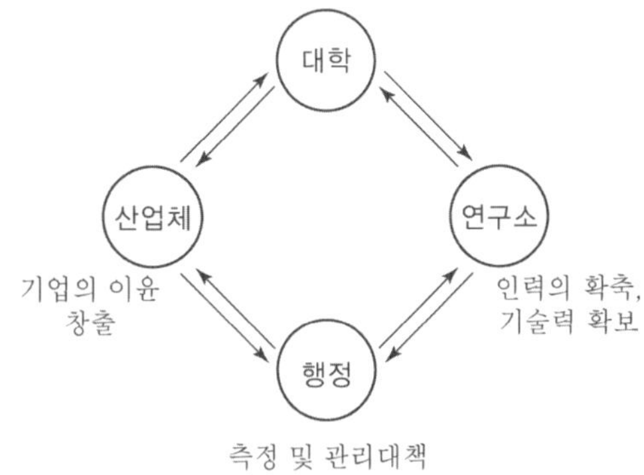

1 작업환경

(1) 작업환경 오염물질의 감량

① 유해등급이 낮은 물질로의 전환 : 생산 제품의 품질의 변형이 없는 조건에서 유해등급이 낮은 물질 유해등급 1종에서 2종으로 2종에서 3종으로 변경, 약간의 생산 기간이 지연될지라도 유독 사용의 절감을 줄일 수 있다.

② 발생량이 적은 물질로 전환 : 건식은 비산 먼지의 발생량이 많으므로 습식으로 전환하고, 도장은 스프레이에서 침적 방법으로 전환하며, 증기압이 낮은 물질로 전환한다.

(2) 국소배기시설의 강화

① Hood 설치가 용이한 작업방법을 사용한다.

② 가능한 밀폐구조로 한다.

③ 포착속도를 증가시킨다.

④ 외부형의 경우 Flange를 사용한다.

⑤ Receiver type을 사용한다.

(3) 전체배기

① 유해등급이 높은 경우에는 국소배기를 한 후에도 전체배기를 보완함으로써 안전하게 유지한다.

② 환기시설 후에는 작업환경측정방법에 의한 공기질 측정을 정기적으로 실시하여 전체배기량을 조절한다.

③ 공급 공기는 필히 온도, 습도, 미세먼지 제거장치를 겸해서 실시해야 한다.

2 다중이용시설

(1) 석면

지하철의 유입 시 오염물질인 브레이크라이닝은 석면에서 친환경 소재로의 대체가 시급하며 이미 실시 중에 있다. 벽체마감 및 보온재의 교체, 백색 시멘트 사용의 줄임 또는 방지로 석면을 줄일 수 있으며 지속적으로 관리되어야 할 부분이다. 석면은 발암성 물질로 대부분 국민이 인지하고 있다. 석면의 별도 규정을 산업안전에서 시행하고 있으며 과거에 비하면 사용량이 줄어들고 있지만 아직도 일부 사용되는 경우가 있다. 석면 중에 우리나라는 백석면을 90% 이상 사용하여 왔지만 암을 유발하는 것은 백석면이 가장 낮은 것으로 나타나서 다행스러운 일이다. 석면은 섬유모양을 갖는 광물성 규산염을 통틀어 일컫는 용어로 종류에는 백석면, 청석면, 황석면이 대표적이며 암을 유발하는 정도로는 청석면이 가장 높은 것으로 보고되고 있다. 국가별 사용량 및 생산량을 보면 추운 지방인 러시아가 2017년 현재 1위인 것으로 나타나 있다.

[표 4-1] **석면의 종류 및 특성**

그룹	종류	화학식	특성	주요성분		
				Si	Mg	Fe
사문석 Serpentine	크리소타일 (백석면) Chrysotile	$Mg_3(Si_2O_5)(OH)_4$ 흰색	• 가늘고 부드러운 섬유 • 휨 및 인장강도 큼 • 가장 많이 사용(미국에서 발견되는 석면 중 95% 정도) • 내열성(500℃에서 섬유조직하에 결정 생성) • 가직성 • 광택은 비단광택이고 경도는 2.5이다.	40	38	2
각섬석 Amphibole	아모사이트 (갈석면) Amosite	$(FeMg)SiO_3$ 밝은 노란색	• 취성 및 고내열성 섬유 • 내열성, 내산성, 가직성 없음	50	2	40
	크로시도라이트 (청석면)	$Na_2Fe(SiO_3)_2$	• 석면광물 중 가장 감함, 취성 • 내열성, 내산성, 부분적 가직성	50	–	40

Crocidolite	$FeSiO_3H_2O$ 청색				
안소필라이트 Anthophylite	$(MgFe)_7Si_8O_{22}(OH)_2$ 밝은 노란색	• 취성 흰색섬유 • 거의 사용치 않음	58	29	6
트레모라이트 Tremolite	$Ca_2Mg_5Si_8O_{22}(HO)_2$ 흰색	거의 사용치 않음	55	15	2
악티노라이트 Actinolite	$CaO_3(MgFe)O_4SiO_2$ 흰색	거의 사용치 않음	55	15	2

(2) 미세먼지

① 전동차에 부착된 미세먼지의 유입은 전동차의 세륜, 세차 빈도수를 증가하여 제거해야 한다.

② 통행인에 의한 입자상 물질의 저감은 다중이용시설 장소와 무관하게 지하역사 및 지하 시설물 입구에 에어샤워 시설을 설치하여 이용하는 방법으로의 유도가 필요하다.

③ 천장 및 벽면에 부착된 입자상 물질은 정기적인 청소가 필요하다.

④ 환기구에서 야기되는 미세먼지, 세균 등의 경우, 선진 미국에서 레스토랑의 환풍장치 및 Hood의 재질은 스텐레스를 사용하고 1회/6개월 이상 청소가 의무화된 것처럼 환기구의 경우는 정기적인 청소를 실시하도록 하고 급기구에는 PM2.5를 제거할 수 있는 필터링 장치가 필요하다. 급기구의 위치는 오염이 적은 방향으로 설치하여 대기오염 물질로부터 피해를 줄이도록 한다.

⑤ 조리시설에서는 음식물의 조리 과정 중 연료의 연소에서 다량의 복합가스가 배출되며 기름에 튀기는 과정에서 미세입자상 물질이 다량 배출된다. 국소배기장치를 산업안전보건법 이상에 준하는 설비로 하고 정상적인 작동 여부를 행정관서가 관리할 필요가 있다. 부족한 경우에는 별도의 밀폐된 공간의 확보가 필요하다.

⑥ 의류매장이 다수인 경우, 의류에 부착된 먼지의 영향으로 실내공기가 오염될 수

있으므로 진열장의 의복은 수시로 진공펌프를 이용하여 흡입하는 것이 필요하고 사용되는 진공펌프는 PM2.5를 제거할 수 있는 집진설비를 갖춘 것이어야 한다. 그렇지 않은 경우에는 미세먼지에 대한 피해를 증가시킬 수 있다.

(3) 화학가스 중 포름알데히드, VOC, 라돈은 건축자재의 마감재에서 합성수지 등의 화학 제품 사용이 많아진 것이 원인으로 꼽히며, 다음은 목재류의 사용 과정에서 합판의 접착제에 사용되는 것이다. 라돈은 건축물의 콘크리트와 시멘트를 통해 대부분 유입이 된다. 합성수지는 폐기물 처리 시 유독가스의 발생 및 화재에 취약하며 건축비가 다소 많이 소요되어도 친환경소재를 사용하는 것이 다중이용시설의 실내공기를 청결히 하는 방법이다. 라돈으로부터 보호받기 위해서는 건축의 마감 상태가 중요하다.

(4) 미생물성 물질

종류로는 곰팡이, 박테리아, 바이러스, 꽃가루 등을 대표적으로 말 할 수 있다. 발생원은 가습기, 냉방장치, 애완동물, 부적절한 환기 등을 예로 들 수 있다. 청결하지 못한 상태의 가습기의 사용은 세균의 성장을 돕게 되며 부적절한 살균제의 사용은 산화제, 염소성분에 의한 호흡기 질환 및 건강을 해칠 수 있다. 따라서 살균제의 사용보다는 정기적으로 세정과 자외선에 의한 살균 후 사용하는 것이 올바르다. 곰팡이는 일반적으로 습도가 높은 경우에 생육조건이 적합하므로 적절한 환기 및 통풍을 통해 성장을 방해할 수 있다. 바이러스의 경우 애완동물에 의해 야기되는 경우가 많으며 바이러스는 알러지성 질환 및 각종 피부 질환을 만들어내므로 애완동물의 청결화가 중요하다. 꽃가루의 유입은 봄에 가장 심각하며 가능한 한 봄철은 자연환기 대신에 기계식 환기법으로 꽃가루의 유입을 막아야 한다.

특히 어린이집, 병원, 요양시설의 경우, 바이러스에 의한 단체 감염이 예상되며 감염경로로는 접촉, 공기 등이 주 원인이다. 적절한 환기와 손세정이 적극 권장되어야 하며, 침구류 및 의류의 철저한 세탁이 요구된다.

미생물은 일반적으로 100μm 정도의 크기로 좁은 의미에서 세균(Bacteria), 균류(Fungi), 바이러스(Virus)로 분류되고 양분의 흡수방식에 따라 종속 영양세균과 광합성 등에 의해 스스로 영양분을 형성하는 독립영양세균으로 분리된다.

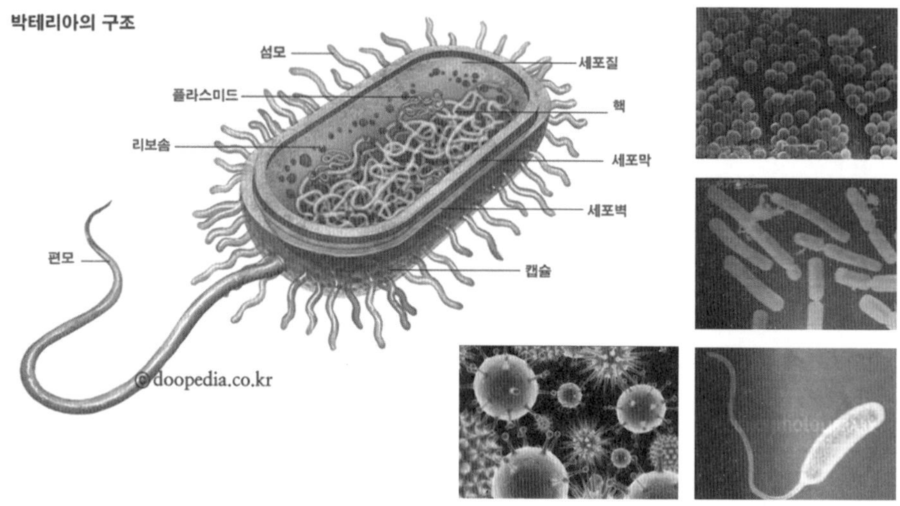

[그림 4-1] **박테리아**

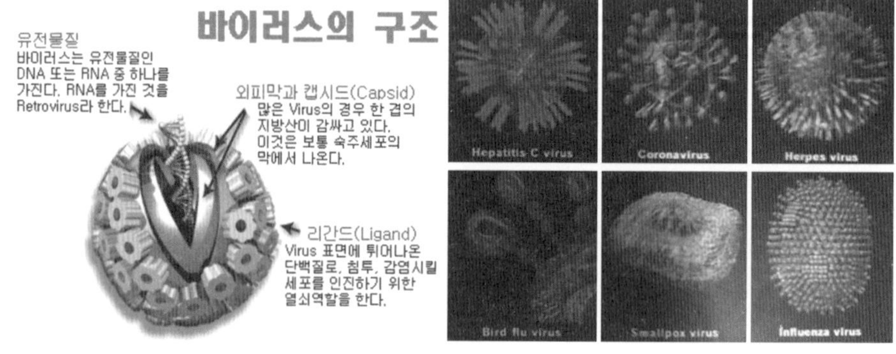

[그림 4-2] **바이러스**

(5) 자동차 및 선박의 배기가스

교통수단의 출입 및 대기 시의 연소과정에서 발생되는 미세먼지, 알데히드류, 머르캅탄류, 질소산화물 등 가스상 물질의 피해를 유발한다.

① 대합실과 자동차 출입실과의 격리가 되어 있지 않으면 출입문 등을 설치하여 격리를 해야 한다.

② 격리가 되어 있는 경우에도 봄, 가을에 수시 개방하는 사례가 많으므로 이런 경우에는 에어커튼 등을 설치하여 유해물질의 이동이 없도록 해야 한다.

③ 자동차가 공회전하는 일이 없도록 계몽 및 행정절차가 필요하다.

④ 청정연료 사용으로 교체하는 것이 필요하다.

⑤ 엔진의 성능 및 촉매보조 연소장치로 오염물질을 최소화해야 한다.

3 생활환경 속의 실내 공간

생활환경 속의 실내 공간은 주로 주거환경을 예로 들 수가 있으며 그 외에 대중교통, 자가용 등의 교통수단이 있다. 사람이 80% 이상을 지내는 공간이다. 실내공기질의 청결화 대책으로는 앞의 다중이용시설과 거의 유사하지만 약간의 차이가 있다. 주거공간에서의 생활환경 오염인자를 살펴보면 미세먼지를 포함한 입자상 물질, 미생물, VOC, 염소 및 산화제, 라돈, 집 진드기, 이산화탄소, 일산화탄소, Allergen, 전자파로 분리된다. 대중교통 중 버스의 오염인자는 주거환경과 흡사하지만 대기오염 정도에 따라 달라지며, 승용차 역시 유사하다. 그러나 승용차의 특성상 개인 이용 방법과 Cabin filter의 성능에 따라 달라지는 경우가 많다.

(1) 주거환경

① 입자상 물질 : 입자상 물질은 고상과 액상으로 분리되며 액상의 경우에는 요리 시에 발생되는 oil mist가 주이다. oil mist는 생선류, 육류 등 튀김과정에서 주로

발생되므로 조리 시 Hood의 가동이 필수적이다. 그러나 현 주거공간의 요리대의 Hood는 효과가 매우 낮으며 청소 불량으로 막혀 있는 경우가 많다. 최근 공동주택은 외부로 조리실을 격리시키는 경우가 많으며 이런 현상은 바람직한 방법이다. 중국의 튀김 문화는 조리실을 베란다로 격리하는 경우가 대부분이다. 고체상의 입자상 물질은 외부로부터 유입된 경우와 섬유제품의 마모, 파손에 기인하는 경우이다. 외출 시 의복에 부착된 먼지가 주거공간으로 유입되는 경우가 대부분으로 외출 시 대기질의 미세먼지가 높으면 외부에서 털어낸다든가 아니면 세탁을 함으로써 줄일 수 있다. 자연환기에 의한 방법 시 외부에서 유입되는 먼지도 많은 영향을 준다. 실내에 유입된 먼지는 시간이 흐르면 침강 속도에 의해 바닥으로 자연낙하하게 되며 진공청소기의 사용 시 재 부유하는 현상이 일어나기도 한다. 따라서 진공청소기의 사용 시는 미세먼지 PM2.5의 제거 가능 여부의 확인이 필요하다. 공기청정기를 이용하는 것이 바람직하다.

(2) 미생물

종류로는 집 진드기, 곰팡이, 박테리아, 바이러스, 꽃가루 등이 대표적이다. 집먼지 진드기는 0.1~0.3mm 정도의 크기로 눈에 보이지 않으며 매트리스, 천 소파, 카펫, 이불, 베개, 쿠션 등 패브릭으로 된 곳에서 사람의 피부각질을 영양분으로 살아간다. 진드기는 자외선의 일광욕, 먼지의 청결 등으로 쉽게 예방이 된다.

가습기, 냉방장치에서 증식하는 병원균인 박테리아, 바이러스 등은 세척 및 자외선 살균 등으로 퇴치가 가능하며 살균제의 사용보다는 정기적으로 세정과 자외선에 의한 살균 후 사용하는 것이 좋다. 곰팡이는 일반적으로 습도가 높은 경우에 생육조건이 적합하므로 적절한 환기 및 통풍으로 성장을 방해할 수 있다. 바이러스의 경우 애완동물에 의해 야기되는 경우가 많으며 바이러스는 알러지성 질환 및 각종 피부 질환을 만들어 내므로 애완동물의 청결화가 중요하다. 꽃가루의 유입은 봄에 가장 심각하며 가능한 한 봄철은 자연환기보다는 기계식 환기법으로 꽃가루의 유입을 막아야 한다.

특히 꽃가루 알레르기는 풀충화보다는 바람으로 꽃가루 받이를 하는 풍매화로 인해 생기기 쉬우며 풍매화 중에서 버드나무가 가장 큰 문제를 야기시킨다.

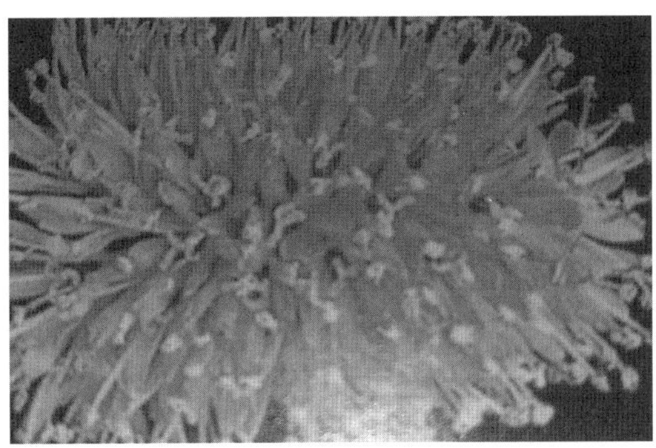

[그림 4-3] 꽃가루

(3) 집 진드기

① 집안의 먼지 제거

가장 손쉬운 방법은 진공청소기를 이용한 먼지 제거이다. 이때 헤파(Hepa)필터가 장착된 진공청소기를 사용해주면 집먼지 진드기를 제거하는 데 효과적이다. 방은 이틀에 한 번 진공청소기를, 침실바닥은 물걸레질을 하는 것이 좋다. 스팀청소기를 사용하면 살균효과가 있다. 하지만 매트리스에 스팀분사 하는 것은 오히려 습한 환경을 조성하기 쉬우므로 피하는 것이 좋다. 집안의 온도는 섭씨 18도 이하, 습도는 50% 이하로 유지함으로써 번식을 막을 수 있다.

② 아침에 침구 정리

아침에 일어나면 침구는 이불장에 넣거나 침대 위 한쪽에 접어두면 밤새 땀으로 눅눅해진 매트리스가 잘 말라서 밤이면 다시 쾌적한 잠자리를 만들 수 있다. 베개는 가끔 비닐에 싸서 냉동기에 넣어 얼린 후 꺼내어 털어주는 방법도 효과적이다. 2회/월 이상 자외선에 살균 소독하는 것이 효과적이며 집안으로 들일 때에는 먼지를 충분히 제거하는 것이 중요하다.

③ 집먼지 진드기의 경우 습도가 50% 이하로 떨어지면 서식하기 어려워진다. 창문을 열고 환기를 시키면 습도가 낮아지고 집먼지 진드기의 공기 중 농도가 떨어지게 된다. 쌀쌀해진 날씨로 인해 밀폐된 공간에서 생활하다 보면 공기의 순환이 어려워져 알러지성 비염이 심해질 수 있다.

④ 세탁에 의한 방법으로는 60℃ 이상의 물에 세탁할 때 살아남을 수 없으며 40℃에서는 단지 6.5% 정도만 죽게 된다. 그러나 30~40℃에서도 세탁효과를 높이려면 미지근한 물에서 세탁 후 3분 동안 두 번 찬물에 헹궈내야 한다. 주거 환경 중 VOC는 페인트, 스프레이, 세탁소, 방향제로부터 배기되는 것으로 페인트는 유성을 자제하고 수성 및 친환경성으로 대체해야 한다. 스프레이는 자제하는 것이 좋으며 드라이크리닝 후의 세탁물은 비닐커버를 제거 후 보관하는 것이 좋다. 방향제는 가급적 적게 사용해야 VOC 오염으로부터 예방할 수 있다. 그러나 궁극적으로는 적절한 환기가 최선의 방법이다.

(4) 염소 및 산화제의 오염은 가정에서 사용되는 청관제가 원인으로 판단되며 사용횟수를 줄이고 분해 후 직접 세정하며 막힘 현상이 예상되는 것에 대해서는 거름망 같은 방법을 이용하여 청관제의 사용을 줄이며 부득이 사용할 경우, 환기를 실시하는 것이 바람직하다.

(5) 라돈

① 발생원 제거 : 토양 내 라듐의 농도가 높을 경우 건물 아래의 토양을 교체하는 방법이 있지만 이는 재건축하는 것과 유사한 방법으로 현실적으로 불가하기에 최초 건축 시 건축자재 중의 라돈 방출 수준을 평가하여 방출량이 적은 자재를 사용한다. 건축 시 물리적 장벽을 설치하여 토양과 건물의 기초가 직접 접촉하는 것을 피하도록 한다.

② 발생원 조절로 라돈의 유입경로인 틈새, 이음부분, 건물의 틈이 발생되지 않도록 한다.

지상으로 라돈이 유입되는 것을 차단하기 위해 지하에 압력(3~4Pa)을 지상에 걸어주어 실내의 라돈 농도를 감소시킨다. 라돈은 건축물의 토양, 콘크리트로부터 유입되는 방사선 물질로 밀봉, 실링을 통해 유입을 방지할 수 있고 적절한 환기는 차선의 제거 방안이 된다.

(6) 이산화탄소, 일산화탄소

이산화탄소는 인간의 대사과정에서 발생되는 것으로 적절한 환기가 최선의 방법이다. 일산화탄소는 조리실의 가스연료의 연소과정에서 불완전 연소로 인해 발생되는 것으로 연소의 개선과 조리실의 격리가 필요하다.

(7) Allergen(알러지의 항원체)은 애완동물의 털, 진드기로부터 야기되는 것으로 애완동물의 청결상태 유지 및 진드기의 퇴치로 예방이 가능하다.

(8) 전자레인지 및 컴퓨터, 기타 전자제품으로부터 발생되는 전자파는 가급적 사용을 자재하고 사용 시에는 2m 이상 이격하여 사용하는 것이 바람직하다.

(9) 악취

1) 사업장의 악취처리 방법

[표 4-2] 악취처리 방법 비교(01)

구분	활성탄 흡착법	첨착 흡착법	토양 탈취법	오존 산화법
원리	• 반데르바알스 힘과 관성, 확산에 의해 물리, 화학적 흡착	• 일반 활성탄으로 처리 불가능한 R-NH류를 H_2SO_4, H_3PO_4에 첨착후 흡착	• 악취물질을 토양에 주입시켜 세균 등의 작용에 의해 흡착 산화시켜 분해	• O_3를 이용 취기물질을 강제 산화방식
장점	• 저농도 취기에 효과적 • 유지관리가 용이 • 초기투자비 저렴하며 장치구조가 간단하여 설치공간이 적음 • 배수시설 불필요	• 저농도 취기에 효과적 • 유지관리가 용이 • 초기투자비 저렴하며 장치구조가 간단하여 설치공간이 적음 • 배수시설 불필요	• 고~저농도 취기에 효과적 • 복합취기 제거에 효과적 • 유지관리 용이, 유지비 저렴 • 내구연한이 매우 김	• 잉여 오존을 사용
단점	• 장기적인 활성탄의 재생과 보충이 필요 • 타르성분, 분진 등 흡착제에 부착된 이물질을 제거하여야 하고 이에 필요한 전처리 필요 • 폐기물 발생 • R-NH류 처리 불가	• 장기적인 활성탄의 재생과 보충이 필요 • 타르성분, 분진 등 흡착제에 부착된 이물질을 제거하여야 하고 이에 필요한 전처리 필요 • 폐기물 발생 • 운전비용 고가	• 넓은 부지 필요 • 토양을 습윤하고 비옥한 상태로 유지필요 • 탈취효율이 떨어짐 • 압력손실이 많이 소요됨	• 별도의 오존 발생기 필요 • 운전비용 고가 • 운전이 까다로움 • 폐 오존으로 대기오염 유발
장치의 특성	• 암모니아와 같은 자극성이 강한 GAS 등은 흡착되지 않음 • 활성탄에는 중성 GAS용, 산성 GAS 용	• 최근 저농도의 R-NH류에 사용	• 통과속도 : 0.6~0.7m/min • 체류시간 : 1.5~1.8분 • fan 압력 : 800mmAq	• 현재는 특별한 경우를 제외하고 거의 적용하지 않음
선정 방법	• 장치가 Compact하여 협소한 장치에 성치가 가능해야 한다. • 충전물의 수시 장, 탈입이 가능하여 유지 보수가 편리해야 한다. • 압력손실이 적어서 운전비용이 저렴해야 한다. • 입구 농도에 쉽게 대응하여 일정 우수 효율 유지가 가능해야 한다.			

[표 4-2] 악취처리 방법 비교(02)

구분	저온플라즈마	촉매 연소법	Bio-Filter법	약액 세정법
원리	• 전기를 이용하여 플라즈마를 발생시키고 산소 라디칼을 형성시켜 화학적 변이를 일으킴	• 강제 연소에 의한 방법으로 직접연소, 축열연소 등과 유사한 방법	• 필터매체에 부착 성장하는 호기성 미생물을 이용하여 악취성분을 생물 분해	• 충전층에 약품이 혼합된 세정액을 분산시켜 산화 및 착 염, 중화 반응으로 악취 제거 현상
장점	• 저농도 취기에 효과적 • 유지관리 용이 • 배수시설 불필요 • 운전비용 저렴	• 효율우수 • 배수시설 불필요 • 입구 조건에 따라 운전비용 저렴 • 석유화학에 적합	• 별도의 약품이 사용되지 않음 • 시설공간이 많음 • 밀폐조건이기 때문에 운전조건을 자동화 할 수 있음 • pump용량이 적음	• 효율우수(90%이상) • Compact 함 • 유지보수 편리 • 자동 운전 • 입구 농도 변화에 대응 가능 • 시설비, 운전비 가장 저렴
단점	• 설치비용 고가이며 현재는 외국기술에 의존도가 높음 • 처리효율이 저조하여 고농도 사용 불가 • 설치장소가 방대함	• CO_2의 배출로 비환경 친화적 • 촉매비용 고가이며 외국 의존 • 시설비용 고가	• 유입가스가 고온이거나 다량의 분진이 함유된 때에는 전처리가 필요 • 세정액의 사용으로 동절기의 동파 방지 대책 필요 • 정기적인 약품 필요 • 입구 농도 변화에 대응 불가능	• 세정액의 사용으로 동절기의 동파 방지 대책 필요 • 정기적인 약품 필요
장치의 특성		• 하수, 폐수의 탈취는 저 농도이면서 습도가 높으므로 사용이 어려움	• 통과속도(LV) : 0.15m/sec • fan 압력 : 300mmAq	• 통과속도(LV) : 0.95m/sec • fan 압력 : 200mmAq • 충전물 : Twin wave 카트리지 사용
선정 방법	• S계에는 bio－filter법과 약액세정이 적합. • N계는 약액세정이 적합. • 저농도 보증을 위해서는 후단에 흡착을 한다. • 소 용량 저농도에는 흡착이 compact하고 우수하다.			

2) 실내공간의 처리 방법

① 하수구의 배관은 U자관을 필히 설치한다.

② 하수구의 청관(NaClO첨가물) 사용 시에는 동시에 환기를 실시한다.

③ 운동 후에 운동복 등에 의한 냄새가 유발되므로 세탁을 한다.

④ 창문의 밀폐를 실시한다(단, 산소농도의 저하가 되지 않을 정도).

(10) 담배연기

① 가능한 금연을 하되 불가한 경우에는 지정된 장소에서 흡연을 한다.

② 흡연 이후에 30분 정도 후에 입실한다.

③ 주변에 흡연을 할 경우는 창문을 밀폐한다.

4 교통수단에서의 실내공기

버스에서의 실내공기는 다중이용시설과 거의 흡사하다. 개인용 승용차의 경우는 밀폐된 공간으로 이산화탄소와 미세먼지, 포도상균과 같은 미세물질이 원인이며 CO_2는 정기적인 공기교환으로 방지되며 산소부족현상을 동시에 예방할 수 있다. 미세먼지 제거를 위해 cabin filter의 성능개선이 절실하다. 현재의 필터는 1~0.3μm 이하에서는 제거가 저조한 것으로 나타나 있으며 광화학염의 경우는 ≒0.6μm 정도로 알려져 있다. 신차의 경우 차량 내부의 도료, 시트커버에 의한 VOC가 다량 배출되고 있다.

[표 4-3] 국내 Cabin filter의 성능비교

제품명	H사	HG사	R사	S사
	향균 향곰팡이 에어컨히터 필터	GM 13271190	FILTER AIR CLEANER	AIR FILTER ASSY
향균도	99.9 %	0 %	0 %	0 %
향곰팡이성	0등급	0등급	0등급	0등급
탈취율	8.7 %	2.3 %	5.4 %	4.6 %
초기압력손실				
100m^3/h	5.4 Pa	4.8 Pa	5.1 Pa	6.7 Pa
200m^3/h	12.5 Pa	12.3 Pa	13.4 Pa	17.2 Pa
300m^3/h	22.0 Pa	23.6 Pa	24.6 Pa	32.8 Pa
400m^3/h	32.2 Pa	36.7 Pa	39.9 Pa	50.7 Pa
500m^3/h	43.6 Pa	52.8 Pa	57.0 Pa	71.3 Pa
600m^3/h	57.6 Pa	71.8 Pa	77.9 Pa	94.5 Pa
미세먼지제거효율				
0.3~0.5μm	43.8 %	77.0 %	54.1 %	62.6 %
0.5~1.0μm	47.6 %	79.4 %	59.0 %	68.8 %
1.0~3.0μm	65.4 %	84.0 %	66.2 %	83.1 %
3.0~5.0μm	76.6 %	94.2 %	73.2 %	88.5 %
5.0~10.0μm	87.3 %	93.0 %	76.0 %	89.9 %

(1) 현재 국내 Air filter의 규정에는 공조용 및 집진기용, 자동차용만 규정이 있으며 가전용은 규정이 없이 사실상 사각지대이다.

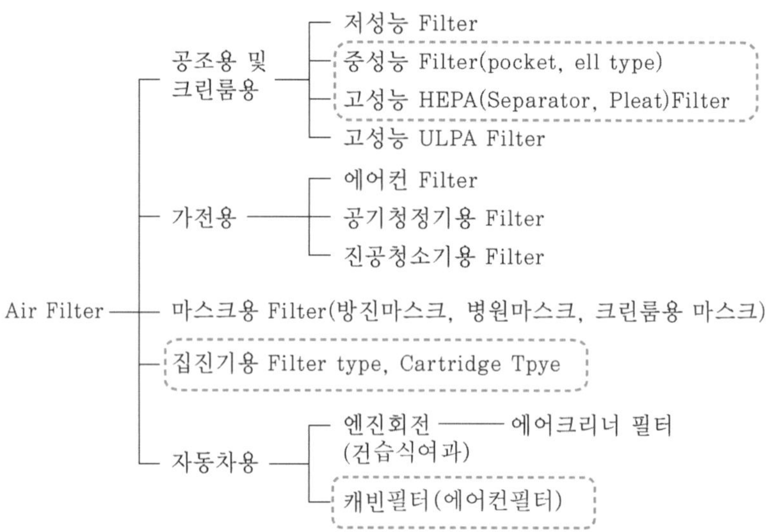

(2) 일반적인 자동차용 Cabin filter의 모형

[캐빈 필터 예시]

여과면적=3.36m(L)×0.255m(H)=0.86㎡

규격 255×223×30, pitch 4mm

문제 1 건축물의 라돈의 생성과정과 방지책을 설명하시오.

해설 1 라돈의 생성 : 토양이나 암석 등 자연계의 물질 중에 함유된 우라늄, 토륨 등이 연속 붕괴하면서 생성되는 라듐이 토양에 존재하게 되고 라듐이 붕괴하면서 생성되는 불활성기체로의 무색, 무미, 무취의 방사성 가스이며 건물지반, 주변토양, 광석, 천연가스 등에서 발생된다.

해설 2 방지책 :
- 토양 내 라듐의 농도가 높을 경우 건물 아래의 토양을 교체하는 방법
- 최초 건축 시 건축자재 중의 라돈 방출 수준을 평가하여 방출량이 적은 자재를 사용한다.
- 건축 시 물리적 장벽을 설치하여 토양과 건물의 기초가 직접 접촉하는 것을 피하도록 한다.
- 발생원 조절로 라돈의 유입경로인 틈새, 이음부분, 건물의 틈이 발생되지 않도록 한다.
- 지상으로 라돈이 유입되는 것을 차단하기 위해 지하에 압력(3∼4Pa)을 지상에 걸어주어 실내의 라돈 농도를 감소시킨다.
- 적절한 환기

문제 2 주거지에서 염소 및 산화제의 오염에 대처하는 방법을 정리하시오.

해설
- 가정에서 사용되는 청관제가 원인으로 판단되며 거름망 같은 것을 이용하고 사용횟수를 줄인다.
- 분해 후 직접 세정하며 막힘 현상을 예방한다.
- 부득이 사용할 경우는 환기를 실시하는 것이 바람직할 것으로 생각된다.

문제 3 대표적인 휘발성 유기물의 종류와 구조식을 설명하시오.

해설 1 종류 : BTEX(Benzene, Toluene, Ethylene, Xylene)

해설 2 특성 :

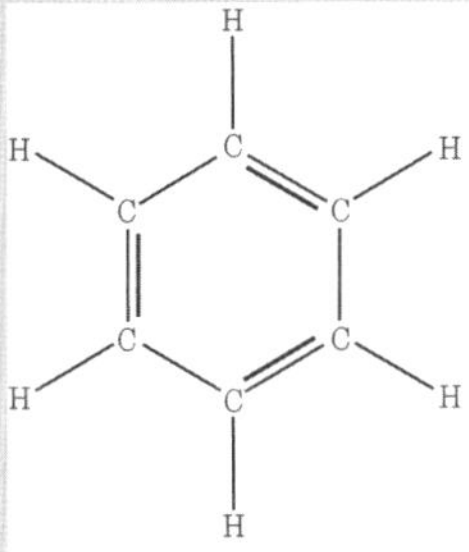

Benzene

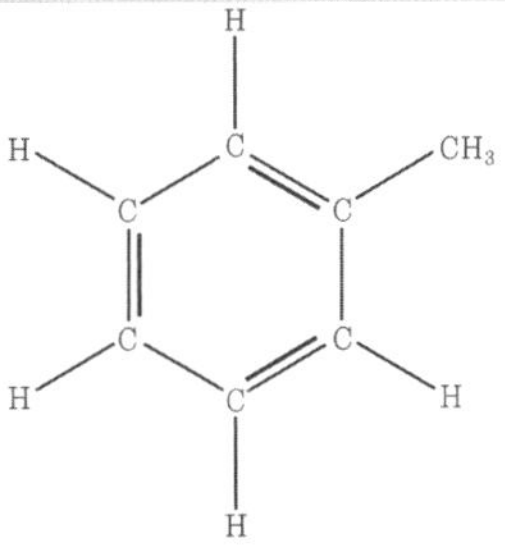

Toluene

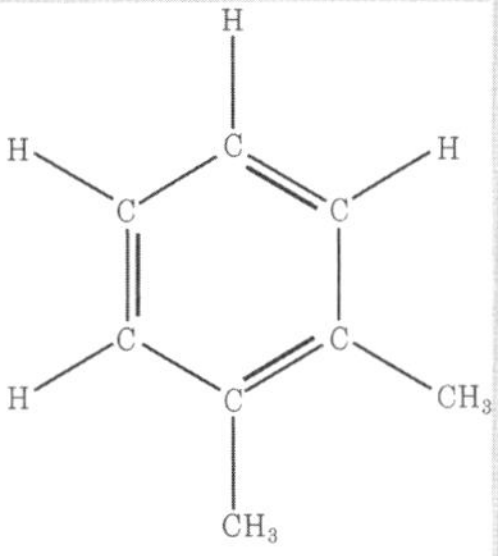

Xylene

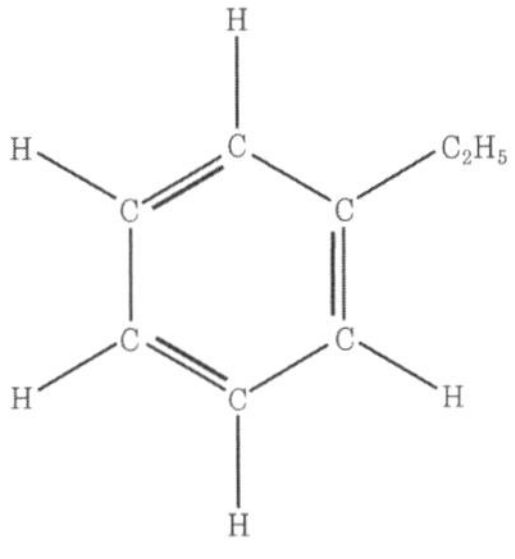

Ethyl Benzene

문제 4 다중이용시설의 공기질 관리기준과 권고기준 항목을 설명하시오.

해설 유지기준 : 미세먼지, 이산화탄소, 포름알데히드, 총 부유세균, 일산화탄소
권고기준(~2017) : 이산화 질소, 라돈, 총 휘발성 유기화합물, 석면, 오존
권고기준(2018.1~) : 이산화 질소, 라돈, 총 휘발성 유기화합물, 미세먼지, 곰팡이
*석면은 별도의 석면관리법령으로 제외

5 실내공기질 유지 방안

(1) 오염물질의 발생 경감(Source control)

실내공기 유해인자의 발생을 줄이거나 방지하는 것이 최선의 방법이지만 인간의 활동상 일정부분은 어쩔 수가 없는 경우가 발생한다. 따라서 적절한 환기와 공기조절이 필요하다.

(2) 환기에 의한 희석 제어(Dilution control)

① 산업장에서 작업환경관리는 산업안전보건법에서 TLV(폭로 한계 농도, Hood의 규정)에 의해 국소배기와 전체환기를 적용한다.

② 다중이용시설은 유지기준과 권고기준에 따른 국소배기와 전체환기를 적용한다.

③ 생활환경 속의 실내공기질은 조리대의 경우, 연소가스 및 입자상 물질의 제거를 위한 국소배기가 적극 권장되나 아직은 미흡한 부분이 많다. 환기는 대부분 자연환기에 의존하고 있으며 현실적으로 기계식 환기의 적용은 무리한 부분이 있지만 향후 적극 권장되어야 할 부분이다. 대부분 기계식 환기는 욕실, 화장실 정도로 시행되고 있다.

자연환기는 대기오염이 심한 경우에 어려움이 있다. 대기오염은 교통량의 증가 및 인구 증가, 지구 온난화 등에 의해 갈수록 심화되고 있는 실정이다. 황사는 과거에는 봄철에 국한되었던 것이 최근 계절에 관계없이 수시로 찾아오며 자동차의

증가는 미세먼지, 광화학스모그를 유발시키고 봄철에 오는 꽃가루는 생활환경 속에 자연환기의 방해 요소가 되고 있다. 더욱이 집진드기, 곰팡이의 성장, 산소농도 저하는 환기의 중요성을 느끼게 한다. 자동차 실내공간 역시 대기오염의 정도에 따라 성능이 향상되어야 한다.

기계식 환기가 지속적으로 진행되어야 할 경우(작업환경, 다중이용시설)는 외부 공기의 먼지를 제거하고, 온도, 습도 조절이 필수적이다.

(3) 전체환기

1) 개요

환기의 시작은 인류가 불을 사용하기 시작하면서부터 시작되었으며, 최초에 수렵 및 생식을 하던 시기에는 환기를 하지 않았으나 농경생활 및 불을 사용하기 시작하면서 환기는 시작되었다. 그 시기에는 환기라는 개념이 아니라 실내에서 불을 사용하면서 호흡곤란, 매연 등에 시달리면서 자연스럽게 밖으로 내보내는 단순 환기라고 할 수 있다.

역사적 근거로는 기원전 27세기경 고대 이집트에서 환기구를 설치했다는 보고가 있다. 이 경우는 온도차에 의한 부력을 이용한 것으로 수직형 단순 환기였으며 자연풍에 의한 수평형 환기를 적용한 사례도 있으며 1,500년경 레오나르도 다빈치가 환기팬을 고안했다는 보고도 있다.

당시의 환기의 목적은 덥고 습한 공기를 밖으로 내보내고, 실내에 불을 사용할 경우에 연기를 내보내는 목적이었을 것으로 판단된다. 현재는 온, 습도뿐만이 아니고 유해가스 및 미세먼지, 기타 중금속, 미생물로부터 피해를 예방하기 위해 사용되고 있으며 단순 환기만이 아니고 청정(무균, 무진)공간의 확보를 위해 사용된다. 또한 기술과 방법도 다양화되고 있다.

2) 전체환기의 특성

용어의 사용은 다양하다. 희석환기(Dilution Ventilation), 일반배기(General Ventilation), 룸배기(Room Ventilation)라고도 칭한다. 통상적으로 희석환기는 국소배기만큼 제어하는 것은 불가능하다. 국소배기는 실내에 오염물질이 확산되지 않도록 원천적으로 봉쇄하는 것이고 전체환기는 일정농도가 존재하는 방식이다. 국소배기는 작업에 방해를 주는 경우가 있지만 전체배기는 사용 및 적용이 편리하다. 따라서 다음의 조건에서는 전체배기를 하는 것이 가능하다.

전체환기의 종류에는 기계식과 자연식이 있으며 기계식은 작업환경, 다중이용시설, 실내공기 중 특수한 경우(예 : 주방, 화장실)에 이용되고 자연식은 일반 실내공간에서 대부분 적용되고 있다.

① 전체배기의 가능 조건

- 오염발생원에서 발생량이 일정하고 소량이어서 국소배기의 필요성이 낮은 경우로 상시 폭로한계농도 이하로 유지되는 경우
- 오염발생원이 작업자로부터 멀리 떨어져 있어 피해가 없을 것으로 예상되는 경우
- 오염원이 산재해 있거나 이동식으로 국소배기가 어려울 것으로 판단되는 경우
- 작업 공정상 국소배기가 불가능한 경우(Hood가 있으면 작업이 어려운 경우)
- 국소배기를 설치했지만 독성이 높은 약품의 사용으로 인해 국소배기의 보완으로 활용할 경우

② 전체배기의 유념 사항

- 환기 시에 Dead space(환상 공간)가 발생하지 않도록 한다.
- 기계식으로 공기를 공급할 경우 사람이 느끼는 체감 속도(1m/sec) 이상으로 접촉 하지 않도록 한다.
- 외부공기 유입 시 오염된 공기가 유입되지 않도록 한다.

– 정기적으로 실내공기를 측정하여 고용노동부의 기준인 폭로한계농도 이하 및 환경부 실내공기질 유지기준의 확인이 필요하다.

– 공기의 흐름 방향이 발생원으로부터 작업자를 통과하지 않도록 반대 방향으로 한다.

– 충만실을 사용하여 균일한 속도와 일정한 양을 공급하도록 한다.

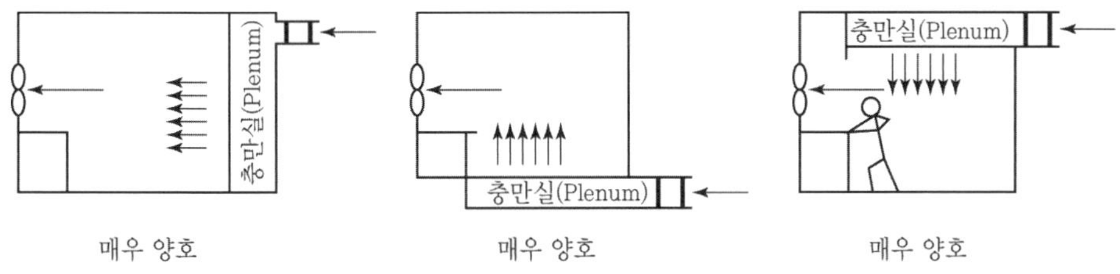

[그림 4-4] **환기구의 적부위치**

3) 환기량 산출

① 재실자에 의한 오염 시 기적(용적) 환기

– 일본의 건축물 기준에 의하면 1인실 기준의 조건을 제시하고 있으며 인간이 답답함을 느끼지 않을 공간을 제시하고 있다.

– 실내 작업장에서 바닥면에서 4m 이상 높이의 공간에서는 4m 이상은 기적에서 제외한다.

– 기적은 $10m^3$ 이상으로 할 것

– 창의 면적은 바닥면적의 "1/20" 이상으로 할 것

– 기온이 10℃ 이하인 경우에는 공급 공기가 1m/sec 이상에 접하지 않도록 할 것(이는 불쾌감과 추위의 체감지수를 크게 한다)

② 발열 작업 시 필요 환기량

– 열원을 사용하는 작업 공간이 해당되며 기계실의 경우에도 압축기의 사용으로 열이 발생한다. 이런 경우에는 직접 열원을 사용하지 않아도 동절기를 제외하고는 작업자가 근무하기 곤란한 경우가 발생하게 된다.

– 환기량을 줄이기 위해서는 하절기에는 외부 공기 온도가 높으므로 Δt를 크게 하기 위해서 냉동, 냉장을 이용하게 된다.

– 방열량과 온도 control point에 의해 산정한다.

$$Q = Hs \div (\text{비열} \times \Delta t) \quad \text{(식 2.1)}$$

Q : 환기량(m^3/hr)
Hs : 실내 발열량(kcal/hr)
Δt : 실내와 실외(외기)의 온도차 ℃
비열 : kcal/m^3℃

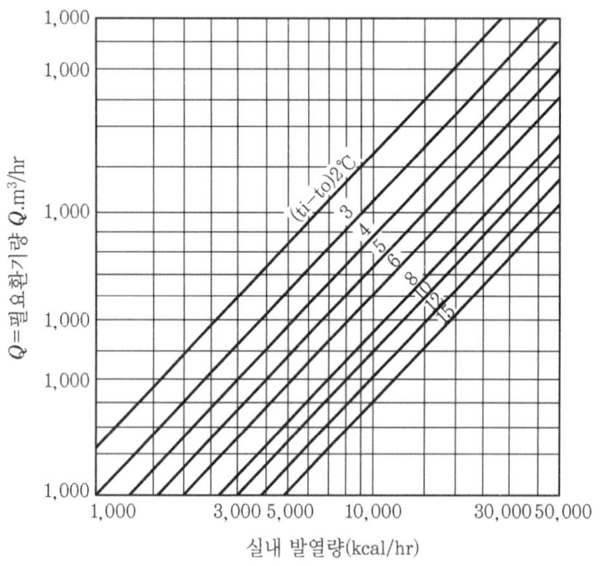

문제 실내 작업장에서 10,000kcal/hr 가 지속적으로 용해로에서 방열되고 있다. 최초의 실내온도는 25℃이고 외기는 동절기로 간주하고 평균 온도가 5℃라면 지속적인 25℃를 유지하기 위해 어느 정도의 환기가 필요한가?

풀이 $Q = Hs \div (\text{비열} \times \Delta t)$

Q : 환기량(m^3/hr), Hs : 실내 발열량(kcal/hr)
Δt : 실내와 실외(외기)의 온도차 ℃, 비열 : 0.24kcal/m^3℃

$Q = 10{,}000\text{kcal/hr} \div (0.24\text{kcal/m}^3℃ \times 20℃) = 2{,}083\text{m}^3/\text{hr}$

③ 수분 발생 시 습도 유지에 관한 환기량

- 제지공장 및 물을 다량으로 사용하는 사업장 등이 주로 해당되며 하절기 수분이 많은 경우가 특히 문제가 된다. 환기량을 줄이는 방법은 외기의 공급공기에 제습장치를 한 후 주입하는 것이 효과적이다.
- 냄새(악취)의 경우에도 수분에 의한 환기량 방법으로 동일하게 산정한다.

$$Q = W \div (\rho a \times \Delta H) \quad \text{(식 2.2)}$$

Q : 환기량(m^3/hr)
W : 실내 수분 발생량(kg/hr)
ΔH : 실내와 실외(외기)의 수분 차이(kg/kg)
ρa : 수증기 밀도(kg/m^3)

문제 골판지를 생산하는 공장에 제품에 살수 과정에서 수분 증발량이 2,000kg/hr정도에 해당 된다. 최초 실내의 공기 중에 절대습도는 0.026kg/kg이고 외기는 상대습도 50%이면서 0.01kg/kg의 수분을 함유하고 있다. 단 수증기 밀도는 1.2kg/m³이다.

풀이 $Q = W \div (\rho a \times \Delta H)$

Q : 환기량(m^3/hr)
W : 실내 수분 발생량(kg/hr)
ΔH : 실내와 실외(외기)의 수분 차이(kg/kg)
ρa : 수증기 밀도(kg/m^3)

$Q = 2{,}000kg/hr \div (1.2kg/m^3 \times 0.016kg/kg)$
$= 104{,}166m^3/hr$

④ 실내 생활공간에서 CO_2 제거를 목적으로 하는 경우의 환기량

CO 및 CO_2의 경우 동일한 방법으로 산출한다. 물론 다른 가스의 경우에도 동일한 방법으로 산정하면 되지만 허용농도의 차이가 있으므로 그 부분이 달라지고 다른 유독 가스의 경우는 전체배기가 아닌 국소배기를 하게 되므로 송풍량 산출 방법이 갖는 의미가 많지 않다.

$$Q = M \div (K_1 - K_2)$$

Q : 환기량(m^3/hr)
M : CO 및 CO_2 발생량(m^3/hr)
K_1 : CO 및 CO_2의 허용 농도(%)
K_2 : CO 및 CO_2의 외기 농도(%), CO_2의 경우 약 0.035%

문제 사우나 수면실에 인간의 호흡으로 인하여 CO_2 발생량이 $300m^3/hr$로 배출되고 있다. CO_2의 허용농도가 실내공기질 권고기준으로 0.2%라면 환기량은 얼마가 되는가?

풀이 $Q = M \div (K_1 - K_2)$

Q : 환기량(m^3/hr)
M : CO_2 발생량(m^3/hr)
K_1 : CO_2의 허용 농도(%)
K_2 : CO_2의 외기 농도(0.035%)

$Q = 300m^3/hr \div (0.2\% - 0.035\%) = 1,819m^3/hr$

⑤ 환기 도표에 의해 용도별 환기량 산출

– 환기량 산출은 아래 표에 의해 산출이 가능하며 본 용도별 산출 방법은 수분, 열원, 악취, CO 및 CO_2의 산출 방법으로 평균화된 값을 표로 제시하고 있다.

– 환기 계수 이용법

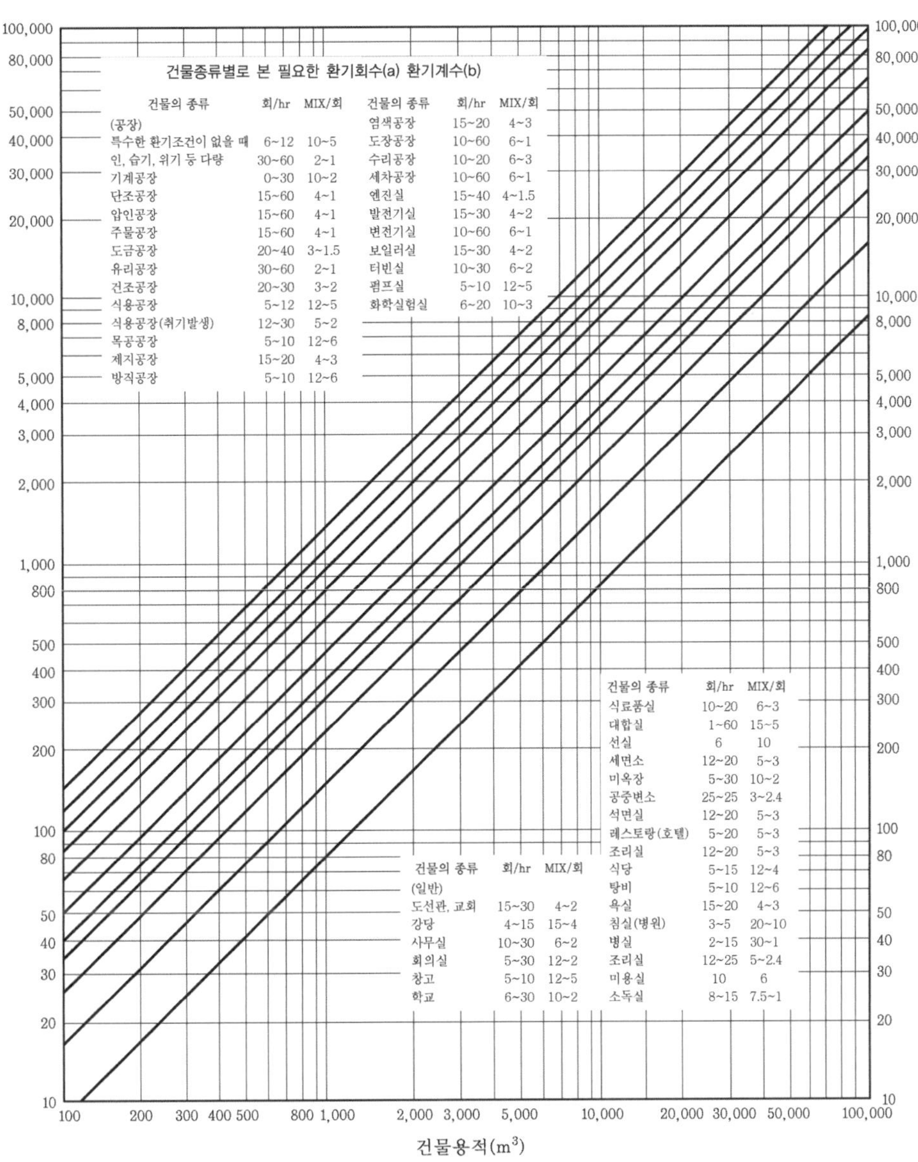

건물종류별로 본 필요한 환기회수(a) 환기계수(b)

건물의 종류	회/hr	MIX/회	건물의 종류	회/hr	MIX/회
(공장)			염색공장	15~20	4~3
특수한 환기조건이 없을 때	6~12	10~5	도장공장	10~60	6~1
인, 습기, 위기 등 다량	30~60	2~1	수리공장	10~20	6~3
기계공장	0~30	10~2	세차공장	10~60	6~1
단조공장	15~60	4~1	엔진실	15~40	4~1.5
압인공장	15~60	4~1	발전기실	15~30	4~2
주물공장	15~60	4~1	변전기실	10~60	6~1
도금공장	20~40	3~1.5	보일러실	15~30	4~2
유리공장	30~60	2~1	터빈실	10~30	6~2
건조공장	20~30	3~2	펌프실	5~10	12~5
식용공장	5~12	12~5	화학실험실	6~20	10~3
식용공장(취기발생)	12~30	5~2			
목공공장	5~10	12~6			
제지공장	15~20	4~3			
방직공장	5~10	12~6			

건물의 종류	회/hr	MIX/회	건물의 종류	회/hr	MIX/회
			식료품실	10~20	6~3
			대합실	1~60	15~5
			선실	6	10
			세면소	12~20	5~3
			미옥장	5~30	10~2
			공중변소	25~25	3~2.4
			석면실	12~20	5~3
			레스토랑(호텔)	5~20	5~3
			조리실	12~20	5~3
(일반)			식당	5~15	12~4
도선관, 교회	15~30	4~2	탕비	5~10	12~6
강당	4~15	15~4	욕실	15~20	4~3
사무실	10~30	6~2	침실(병원)	3~5	20~10
회의실	5~30	12~2	병실	2~15	30~1
창고	5~10	12~5	조리실	12~25	5~2.4
학교	6~30	10~2	미용실	10	6
			소독실	8~15	7.5~1

[그림 4-5] **소요 환기량 조견표**

[표 4-4] 필요 환기량

작업장	환기회수/hr	작업장	환기회수/hr	작업장	환기회수/hr
기계공장	10~15	식품공장	12~20	보일러실	20~60
주조공장	30~60	제분공장	6~12	창고	6~12
도금공장	15~30	인쇄공장	6~15	화장실	5~15
용접공장	15~20	방직공장	30~60	극장	8~20
염색공장	15~30	목공공장	15~20	식당	8~10
제지공장	15~30	발전소	20~30	조리실	20~30
자동차정비	10~15	변전소	30~50		

문제 건물의 용적이 W5m×L20m×H4m인 식품공장이 있다. 환기 조견표에 의하면 10~20회/hr로 되어 있으며 평균값인 15회/hr로 하려 한다. 환기량은 몇 m^3/min이 되는가?

풀이 $Q = V \times$환기회수$\times (1hr/60min)$

V : 5m×L20m×H4m = $400m^3$
환기 회수 : 15회/hr

$Q = 400m^3 \times 15$회$/hr \times (1hr/60min) = 100m^3/min$

⑥ 유기용제 사업장의 경우

유기용제의 경우에는 휘발성이 강하여 사용 약품의 전량이 실내로 기화되어 확산된다는 가정 하에 환기량을 산정하게 된다. 영국 단위와 MKS 단위는 동일한 방법으로 사용이 편리한 단위로 환산한 것이다.

① 영국 단위계에 의한 산출

$$Q = (403 \times 10^6 \times SG \times ER)/(MW \times C)$$

Q : CFM(exhaust volume)
SG : 증발가스의 비중
ER : 증발률(pts/min), 1pts=0.48L

MW : 분자량(mole/g)
C : TWA-TLV

② MKS 환산식

$$Q = (10^6 \times W \times K \times F)/(MW \times C)$$

Q : m^3/hr
10^6 : mg/kg
W : kg/hr
K : 안전 계수
F:ml/m mole
MW : mg/m mole
C : 폭로 한계 농도(ml/m^3)

③ 유기용제의 약식 산출 방법

유기용제의 구분	환기량(m^3/min)
1종	$Q = 0.3W$
2종	$Q = 0.04W$
3종	$Q = 0.01W$

Q : 1분당 환기량, W : 작업시간 1시간당 소비하는 유기용제의 양(g)

문제 1 1종 유기용제를 사업장에서 50g/hr를 사용한다. 환기량은 얼마 이상 필요한가?

풀이 $Q = 0.3W$

Q : 환기량(m^3/min)
W : 1시간당 소비하는 유기용제의 양(g)

$Q = 0.3 \times 50g/hr = 15m^3/min$

문제 2 분자량이 100g/mole이고 폭로 한계 허용 농도가 10ppm인 유기용제를 사용하는 사업장이다. TLV 이하를 항상 유지하기 위한 환기량은 몇 m^3/hr가 필요한가? 단, 안전계수는 무시하고 사용량은 20kg/hr이다.

풀이 $Q=(10^6 \times W \times K \times F)/(MW \times C)$

Q : m^3/hr
10^6 : mg/kg
W : 20kg/hr
K : 안전 계수 1
F:22.4ml/m mole
MW : 100mg/m mole
C : 폭로 한계 농도(10ml/m^3)

$Q=(10^6 mg/kg \times 20kg/hr \times 1 \times 22.4ml/m\ mole)/(100mg/m\ mole \times 10ml/m^3)$
$=448,000m^3/hr$

(4) 환기설비의 정상가동과 유지관리 방안

1) 현황 및 필요성

① 실내환경 및 공공이용시설에 대한 환기와 공조 설비 등이 적법하게 설치되었다 하더라도 이의 정상가동이 안 되면 실내공기질기준을 적합하게 유지할 수 없으며, 유지관리가 위생적이지 못할 때에는 오히려 이들 설비가 실내의 주요 오염물질을 발생하는 오염원이 될 수도 있다.

② 실내환경 내의 공기청정설비(Air Cleaning System)와 환기장치(Ventilation)의 유지관리 사항을 엄격하게 준수하여야 한다.

2) 관리대책

① 환기 및 공조 설비 가동현황에 대한 기록 유지

② 실내공기질을 분기마다 자가측정하여 환기효능에 대한 실태 분석

③ 대형 시설은 실내공기질의 지표가 되는 주요 측정항목에 대한 자동측정기를 설치하도록 유도

④ 환기 및 공조 설비의 위생적 관리를 의무화하며 공기청정설비로 인한 실내공기 오염 가능성을 최대한 억제

3) **실천방안**

① 지도 · 점검 시 환기 설비의 가동 실태와 청소 관련 기록과 운전 상태를 면밀히 확인

② 필요에 따라 실내 환경관리인을 선임하여 다수인 이용시설의 환기설비 등의 정상가동, 실내공기질 자가측정, 각종 기록유지 등을 전담하게 함

③ 공조 설비 중 후드와 덕트 청소 후 공기 급기, 배기 시스템의 정상 유무를 확인하고 청소용역에 의뢰 시 일정 수준의 자격과 첨단 청소장비를 갖춘 전문업체가 담당하도록 유도함

(5) 공기청정기술(Removal control)

1) **산업용**

힘의 적용 원리와 제거 매체에 의해 중력, 원심력, 관성력, 여과, 전기 이온화 방식, 세정 집진식이 적용되고 진보되어 오고 있다. 그러나 적용 범위에서 다중이용시설과 실내공기 청정용 장비의 경우는 한정되어 있다. 습식은 세정액을 사용함으로써 사용이 거의 불가능하고 중력식과 관성력식은 미세먼지 제거에 적합하지 않다. 따라서 일반적으로 여과식, 전기집진식, 원심력 등이 이용된다.

2) 다중이용시설은 상시 기계식 환기법과 특정 용도에 따라서 국소배기를 하고 있으며 산업용에 비해 입구 농도가 100～1,000배 이상 낮다. 산업용의 먼지는 mg/m^3의 규모인 반면 실내공기 및 다중이용시설은 μg 정도의 규모를 갖고 있다. 따라서 대기환경보전법에 접촉을 받을 수 있는 농도가 아니다. 제거장치는 특별히 요구되지 않으며 환기 시에 공급되는 공기의 개선을 위해 제거 장치가 필요하다. 현재 일반적으로 필터방식을 이용하고 있다.

3) 실내공기질에서 주거 환경은 국소배기와 강제배기, 자연배기를 동시에 이용한다. 그러나 별도의 공급 장치는 거의 설치가 되어 있지 않으며 실내에서 집진방식 및 유해가스처리로 사용되는 장치는 진공청소기, 실내청정기가 사용된다. 최근에는 미세먼지를 줄이는 식물 등도 연구되고 있다.

4) 대중교통은 동절기와 하절기를 제외하고 창문을 개방하는 경우가 있으며 이럴 때 주변의 대기오염물질 농도와 실내공기질의 성상이 같아지며 실내공기로 부적절하다. 그러나 동절기와 하절기, 그 외 스모그, 황사 등으로 인한 대기오염물질이 심각할 경우는 밀폐된 공간으로 Cabin Filter에 의존하여 실내공기질이 관리된다. 그러나 Cabin Filter의 교체주기를 미룰 경우 세균의 서식지가 되며 제진성능이 저하되어 심각한 현상을 초래할 수 있다.

5) 여과식

① 먼지의 여과 원리

여과의 원리는 관성충돌, 직접차단, 확산(Brown운동)의 원리로 제진된다.

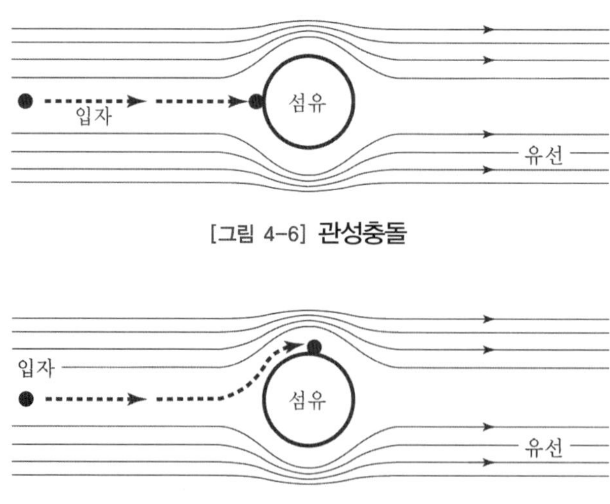

[그림 4-6] **관성충돌**

[그림 4-7] **직접차단**

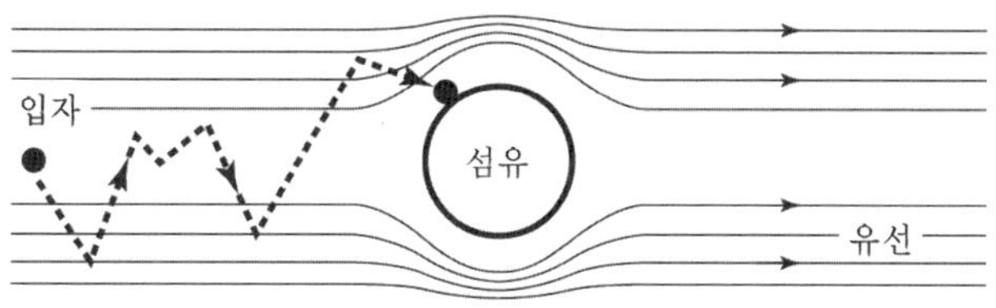

[그림 4-8] 확산

- 직접차단 : 여과집진장치 먼지제거 원리 중 주요 원리로 큰 입자들이 작은 여재의 공극을 통과하지 못하는 현상으로 섬유층에 의한 제진현상으로 물고기가 그물에 걸리는 것과 유사한 원리이며 이 경우는 섬유의 미세한 선경이 중요하다. 이런 효과를 올리고 미세먼지를 제거하기 위해서 현재는 나노 사이즈(nano size)를 이용한 멤브레인식 필터의 이용이 많다.
- 차단효과 : 큰 먼지가 여재에 부착되면서 원여재의 기공보다 더욱 작은 hole을 형성시켜 미세한 먼지를 제진하는 원리이다. 여과집진장치에서 최초 제진효율보다 일정기간이 지나면 제진효과가 상승되는 것을 알 수 있다.
- 관성충돌 : 여재의 pore size보다 적은 함진기류 속 미세먼지가 관성충돌로 여재의 선에 충돌, 집진하는 경우로 pore size보다 적은 미세먼지는 비중이 큰 중금속인 경우를 제외하고 약간은 작용되겠지만 적용이 어려운 원리이다.
- 확산 : 함진기류 속 초미세입자($\leq 1\mu m$)는 불규칙하게 브라운 운동을 한다. 브라운 운동 과정 중 여과포에 접촉, 부착되는 것으로 이런 경우는 점성이 강하거나 대전성이 없으면 이론적으로는 가능하지만 현실적으로는 희박한 원리이다.

② 여과식의 문제점 및 개선점

- 기계식 환기용 : 사용되는 필터의 종류는 Pre-filter, Medium-filter, Hepa-filter, Ultra hepa-filter가 사용되고 있다.

• 비교표

	Pre-filter	Medium-filter	Hepa-filter	Ultra hepa-filter
용도	산업용 전처리.	공기조화/일반	공기조화/무균, 무진	공기조화/무균, 무진
제진 율	이물질 제거(≥100㎛)	≥0.3㎛ 85%	≥0.3㎛ 95%	≥0.1㎛ 99%
통과속도	2.5m/sec	6m/min	3.5m/min	1m/min
압력손실(Pa)	30~50	30~50	50~80	80~100

-Pre-filter는 간단하고 비용이 저렴하지만 공기조화용보다 산업용에서 주설비의 전처리 용도로 사용되며 제거 입경이 조대 사이즈로 공기조화용의 적용은 불가하다.

-Medium -filter는 공기조절용의 용도가 적합하다. 이론적으로 0.3㎛ 이상부터 처리 가능한 것으로 되어 있지만 분리입경에 약간의 변동이 있을 것으로 판단한다.

-Hepa-filter는 성능이 우수하고 안정적이지만 가격이 고가이고 설치장소가 과다하게 소요되어 적용이 쉽지 않으며 통과속도를 빠르게 하면 압력손실이 급성장하여 적용이 어렵다.

헤파필터란 공기 중의 미세한 입자를 제거하는 고성능 필터의 일종이다. 이때 헤파(HEPA)는 '고효율 미립자 공기 필터(High Efficiency Particulate Air Filter)'의 줄임말이다. 미국 원자력위원회(US AEC, U.S. Atomic Energy Commission)의 정화 기준으로는 0.3㎛(미크론) 크기 이상의 입자를 99.97% 제거할 수 있으면 헤파필터로 인정한다. 1940년대 미국에서 공기 중의 방사성 미립자를 제거 · 정화하기 위해 헤파필터를 처음 개발했으며, 이후 반도체 · 의료 · 전자공학 · 실험실 · 원자력 등 다양한 분야에서 응용하고 있으며 제작은 주로 유리섬유를 소재로 압축하는 방법이다.

개선이 필요한 부분으로는 입자의 자동 탈착 가능, 집진되면서 급격히 증가하는 압력손실, 통과속도를 빠르게 할 수 있도록 개발이 이루어져야 하고, 제진 후에 압력손실 성장이 완만한 전기장에 의한 방법 등으로 개선되도록 하여야 한다.

[그림 4-9] Hepa Filter

6) 원심력식

실내공기질에 적용되는 것은 진공청소기에서 일부 적용되고 있다. 그러나 원심력 집진은 압력손실이 600Pa 이상으로 에너지 손실이 크며 분리입경이 공기역학적 직경으로 10μm 정도로 PM2.5에 적용하는 것은 무리가 있으므로 별도의 Filter 방식 또는 전류장에 의한 보완이 필요하다.

① 분리속도

원심력＝항력

$$(\pi \times d^3/6) \times (\rho P - \rho a) \times (u\theta^2/r) = 3\pi\mu d u r$$

$$ur = [(\pi \times d^3/6) \times (\rho P - \rho a) \times (u\theta^2/r)] \div 3\pi\mu d$$

$$= [d^2 \times (\rho P - \rho a) \times u\theta^2] \div 18\mu r$$

$$= (ug \times u\theta^2) \div gr$$

Fc : 원심력(kg m/sec^2＝N), d : 입자의 직경(m)

ρP : 입자의 밀도(kg/m^3), ρa : 공기의 밀도(kg/m^3)

$u\theta$: 원주 속도(m/sec), $u\theta^2$: (m^2/sec^2)

r : 회전 반경(몸통) m
F : 항력(kg m/sec^2), μ : 기체의 점도(kg/m sec)
ur : 분리속도(m/sec)
ug : 침강속도(m/sec)
$ug = [d^2 \times (\rho p - \rho) \times g \div (18\mu)]$

② 분리 입경 : Lapple식에 의하면 다음으로 정리된다.

$$dp100 = \left\{ \frac{9\mu b}{[\pi Ne(\rho P - \rho a)Vi]} \right\}^{0.5}$$

dpc : 분리 입경(m), μ : 기체의 점도(kg/m sec)
b : 입구 폭 (m), Ne : 선회류 수
ρP : 입자의 밀도(kg/m^3), ρa : 공기의 밀도(kg/m^3)
Vi : 입구 유속(m/sec)

③ 선회류

$$\mathrm{Ne} = (1/\mathrm{a}) \times [\mathrm{L} + (\mathrm{H}/2)]$$

Ne : 일반적인 회전 수 : 5~10회
a : 입구 높이 m
L : 몸통부 높이 m
H : 원추부 높이 m에서는

7) 이온화 방식

전기집진기는 약 100년 전부터 전기에너지를 이용하여 입자상 물질 제거에 기여하고 있으며 지속적으로 꾸준히 개발되어 환경 분야뿐만이 아니라 다양하게 연구된 분야이다. 현재는 산업용뿐만이 아니라 가정용 등 여러 분야에서 활용되고 있다. 현재는 실내공기정화용 집진기에서 사용되는 방식이며 집진극과 방전극으로 이루어져 있고 방전극에서 코로나방전식으로 음이온이 발생되어 쿨롱역에 의해 양극으로 이동하여 집진하는 방식이다. 그러나 전기집진기는 코로나 방전 중 플라즈마 상태에서 오존이 발생되어 실내 오존 농도를 상승시키고 또 다른 실내공기질을 악화시킨다. 따라서 코로나 방전이 없는 자기장에 의한 집진 방식이 검토되어야 할 사항이다.

집진의 원리는 집진극과 방전극의 불평등 전계에 의한 것으로 −극인 방전극에서 코로나 방전을 통하여 먼지에 음극을 부여하며 −극이 대전된 먼지는 +극인 집진극으로 이동하여 집진된다.

고압의 직류전압을 방전극과 집진극에 가하면 절연파괴로 일정한 방향의 불평등 전계가 형성된다. 전계의 의미는 전기장이라고도 하며 전기력이 작용하는 경계를 의미한다. 집진극과 방전극을 일정한 간격으로 유지하면 중간에 공기가 절연체 역할을 하다가 두 전극에 높은 전압을 형성시키면 절연파괴되면서 코로나 전류가 약하게 흐르게 되며 이때 코로나 방전에 의해 −극을 갖는 입자가 집진극으로 흐르게 된다.

- 코로나 방전 : 불평등 전계에서 방전극 주변의 가스분자가 전기적으로 파괴되어 이온화되고 이런 상태를 플라즈마 상태라 한다. 이온화된 자유전자는 빠른 속도로 다른 가스분자에 충돌하게 되며 이때 가스분자는 양이온을 띠고 다른 자유전자를 방출하게 된다. 이런 과정은 코로나 방전을 통해 생성되며 코로나 방전은 강한 전류로 방전극 주변의 가스분자가 파괴되어 푸른 광을 나타내는 현상을 말한다. 전기집진에서는 불꽃방전이 50회 이상 충분히 발생되어야 이상적인 집진이 이루어진다. 2개의 전극(− , +)에 각각 높은 전압을 가하면 강한 부분 즉, 뾰족하거나 볼타입 부분에서 전기장이 강해져 방전이 빠르게 발생하게 된다.

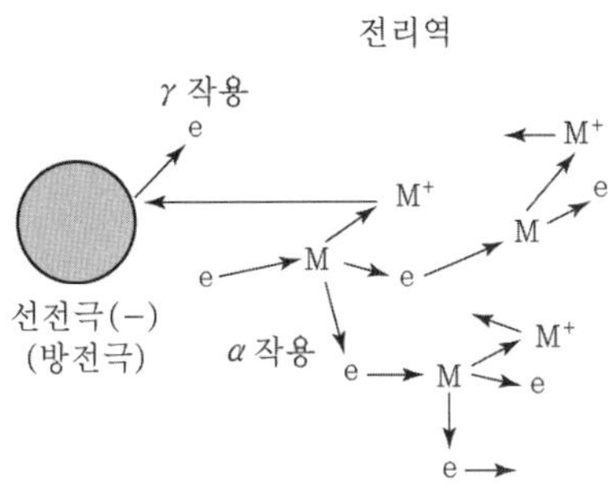

8) 냉온 조작

① 열교환기의 종류에는 직접 열교환방식과 간접 열교환방식이 있다.

직접 열교환방식은 Heater를 이용하여 통과하면서 온도가 상승되는 것을 말하고 간접 열교환방식은 전열판을 이용하는 방식이다. 일반적으로 간접 열교환방식을 많이 이용한다.

② 간접 열교환기는 열전달면의 재질에 따라 달라지며 대수평균 온도차에 의해 달라진다.

③ 간접 열교환기의 설계 사례

- 송풍량(환기량)은 100㎥/min인 공기를 10℃에서 30℃로 승온하려하면 열교환기의 전열면적은 몇㎡가 필요한가? 열교환기의 재질은 STS304로 한다. 열공급은 150℃의 스팀을 사용한다.
- 전열면적(m^2) = Q ÷ (k × LMTD)

  = 전달열량 ÷ (열 관류율 × 대수 평균 온도차)

  = 38,400kcal/hr ÷ (11kcal/m^2 ℃ k × 101℃)

  = 34.5m^2

  Q : kcal/hr
  k : kcal/m^2 ℃
  LMTD : ℃

- 전달열량(Q) = m × cp × △t

  Q : kcal/hr
  m : 환기량(m^3/hr)
  cp : 정압비열(kcal/m^3 ℃)
  △t : 온도차(℃)

Q = 100m^3/min × 60min/hr × 0.32kcal/m^3 ℃ × (30−10)℃

= 38,400kcal/hr

– LMTD(대수평균 온도차)℃

$=[(150-10=140)-(100-30=70)]\div Ln(140/70)=101$℃

공기온도 $=10 \rightarrow 20$℃, 스팀온도 $=150 \rightarrow 100$℃

LMTD $=101$℃

– [1/열 관류율(k : kcal/m^2 ℃)] $=(0.001/\alpha 1)+(0.001/\alpha 2)+(\delta/\lambda)$

$\alpha 1$: 공기의 열전도율(0.0222kcal/m ℃ hr)
$\alpha 2$: 스팀의 열전도율(0.0229kcal/m ℃ hr)
δ : sts판의 두께(0.0045m)
λ : sts판의 열전도율(45kcal/m ℃ hr)
0.05m : 공기의 두께 층
$=11$kcal/m^2 ℃

④ 직접열교환기

Filter를 통과하여 미세먼지가 제거된 공기를 전기에 의해 열선을 통과하면서 승온하는 방식으로 온도 조건에 따라 열선의 강도를 제어하는 방식이다.

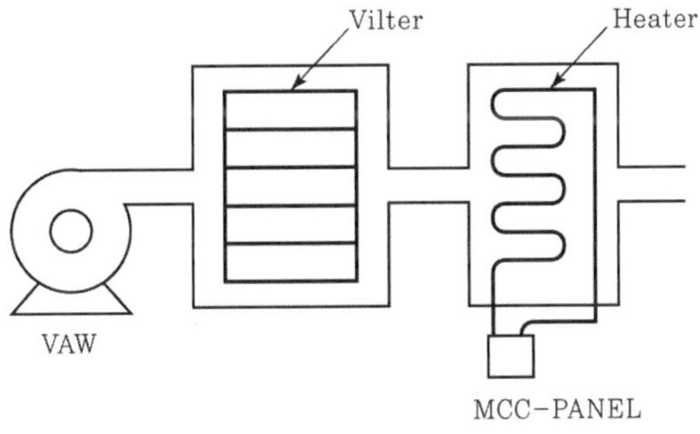

[그림 4-10] **계통도**

⑤ 에어컨의 원리

냉매의 응축과 기화의 원리에 의한다. 응축은 발열반응이며 기화는 흡열반응이다. 응축과 기화의 반복으로 열을 제거하는 원리로 응축 또는 기화의 가스를 냉매라 하며 냉매는 응축, 기화가 용이한 암모니아 또는 프레온 가스를 사용한다. 실외기와 실내기(본체)로 구성된다.

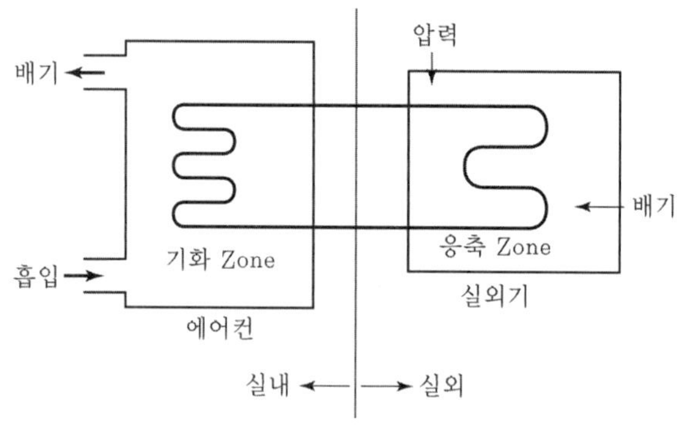

[그림 4-11] **계통도**

9) 진공청소기

현행 제진방식으로는 필터방식과 원심력식이 사용되고 있으며 2가지 모두 10μm 정도가 분리입경으로 되어 있으며 향후 PM2.5(RSP)를 제거하지 않으면 사용자에게 심각한 영향을 줄 수 있다. 바닥면에 내려앉아 있는 미세먼지를 전부 부유시키는 상황이 되고 청소기 후단의 배출구를 통해 미세먼지가 배출되고 있다. 최신 공동주택의 경우에는 청소기의 사용 시 외부로 배기되는 방식이 이용되고 있다. 장시간 사용 시 관로의 막힘 현상 등 부작용에 유념할 필요가 있다. 관로에 먼지가 쌓이면 배기가 약해지고 심하면 역류하는 상황이 올 수도 있다.

10) Cabin filter

승용차의 실내공간에 큰 영향을 미치는 부분으로 최근 많은 문제가 야기되고 있으며 생산자 별로 많은 차이가 있다. 우수한 성능을 갖는 필터의 경우일지라도 사용자의 인식에 따라 달라질 수 있다. 성능은 0.3μm 이하의 입자상 물질의 제거가 가능해야 한다. 스모그 발생 시 염의 크기는 0.3~0.6μm 정도의 크기이다.

• 주의 사항

– 0.3μm 이하의 입자상 물질의 제거가 가능해야 한다.

– 정기적인 점검으로 오염이 된 경우에 교체를 해야 한다.

– 장마철의 경우는 수분에 젖어 세균의 성장이 있을 수 있다.

– 먼지가 다량 있는 비포장 도로, 황사가 있을 경우 특히 점검이 필요하다.

– 냄새 제거를 목적으로 활성탄이 함유된 필터는 수시 교체를 하지 않으면 활성탄의 성능은 곧 소멸된다.

11) 가정용 에어컨 필터

에어컨의 사용은 사무실, 주거환경 등 생활 속의 한 부분을 차지하게 되었으며 습기제거용도까지 사용되고 있다. 그러나 아직도 에어컨에 의해 세균이 번식되고 실내공기 중 부유하는 미세먼지의 양이 증가하는 것에 대해서는 간과하고 있는 것도 사실이다.

• 주의 사항

– 에어컨 필터의 입자상 물질 제거 입경이 확인되어야 하나 현재까지는 자동차용 Cabin filter, 진공청소기용에 비해 성능이 매우 낮은 것이 사실이다. 미세먼지에 대해서는 제거가 거의 되지 않고 실내에 부유하게 한다. 하절기 감습으로 사용 시에는 습기에 의해 세균이 번식할 염려가 있다.

– 정기적인 점검으로 오염이 된 경우에 청소를 해야 한다.

– 0.3μm 이하의 입자상 물질의 제거가 가능해야 한다.

12) 실내 공기청정기

현재 필터방식 , 필터+이온화식, 필터+이온화식+활성탄식 등 3개의 종류가 사용되고 있다. 필터+이온화식+활성탄식이 고가이지만 효율적이라고 생각된다. 실내공기에 관한 관심이 높아지면서 일반 가정에서도 실내 공기청정기를 많이 사용하고 있는 추세이다. 그러나 관리적인 측면에서 주의사항이 지켜져야 하고 관리 소홀의 경우는 역효과가 있을 수 있다.

① 주의 사항

- 이온화 방식은 습식이 아닌 건식의 방법이다. 집진극이 청결하지 못하면 역전리, 재비산 등으로 집진 후 먼지농도가 높아지는 경우가 발생하므로 수시 청호해야 한다.
- 활성탄에 의한 흡착은 장시간 사용 시 파과점에 이르게 되면 효과가 없어지므로 정기적인 교체가 필요하다. 특히 장마철에 과습 상태에서는 제거율이 급격히 낮아진다.

② 역전리와 재비산

- 역전리

입자의 비저항이 너무 크면 $\geq 10^{11}\ \Omega.\mathrm{cm}$ 대전시키는 것도 어렵고 집진된 먼지도 쉽게 탈진되지 않으며 집진된 먼지가 절연체 역할을 하게 되고 집진극은 양극, 중간은 중성, 바깥 면은 음극을 띠게 된다. 집진층에 포집된 먼지가 전자를 방전시키지 않기 때문에 집진층에서 전압차가 커져 역 코로나에 의해 절연, 파괴되며 먼지는 일시에 전자를 잃어버려 먼지가 방전극 주변으로 이동하면서 기류에 의해 재비산한다.

- 재비산

겉보기 입자의 비저항이 현격히 적으면 $\leq 10^{4}\ \Omega.\mathrm{cm}$에서 집진되었던 입자에 전류가 잘 흐르기 때문에 전하를 방전하고 중화되어 전기력이 소실되어 재비산된다.

- 적절한 비저항 : $10^{4}\ \Omega.\mathrm{cm} \sim 10^{11}\ \Omega.\mathrm{cm}$
- 겉보기 비저항 : 전압 ÷ 전류 $= \mathrm{V/cm} \div \mathrm{A/cm^2} = \Omega.\mathrm{cm}$

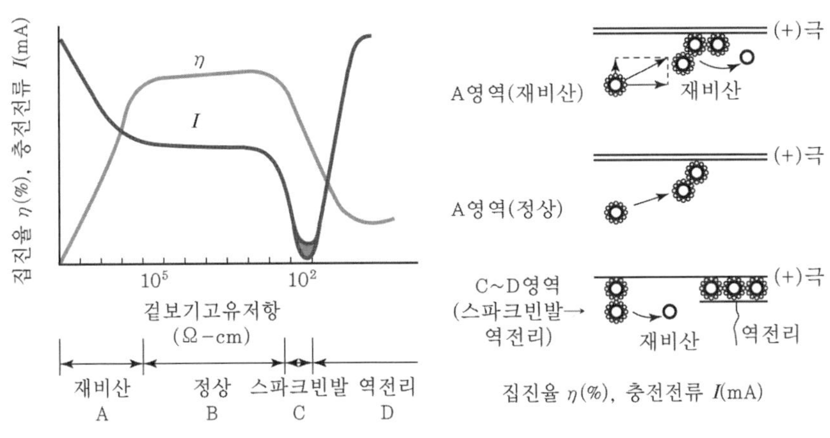

[그림 4-12] 겉보기 저항

13) 가정용 Hood

음식점 주방, 가정의 조리대는 대부분 Hood가 설치되어 있다. 그러나 막힘 현상으로 무용지물이 된 경우도 많고, 일부는 세균의 온상이 되기도 한다. 또한 수분과 적절한 영양분은 세균의 증식을 도와준다. 정기적인 청소가 필요하지만 청소의 중요성을 잘 알지 못하며 가정에서 충분히 내용을 숙지하지 못하고 있는 현실이다. 청소를 하기에도 불편하게 되어 있어서 개선의 여지가 많다. 미국의 경우, 주방의 Hood와 Duct는 스테인리스가 의무화되어 있고 최소 6개월마다 1회의 청소가 정해져 있으며 이를 위반할 경우는 행정처벌을 한다. 그 정도로 Hood와 Duct는 중요하다.

(6) 실내공기오염 물질의 주요 유입 경로

① 유입구, 출입문, 창문을 통한 외부 공기의 유입

② 오염된 공조 설비를 통한 유입

③ 실내공간 내부에서의 발생

(7) 관리 대책 수립

① 1단계 : 정기적인 설문 조사 및 무작위 샘플링에 의한 실태 조사 및 취약점 파악

② 2단계 : 문제점의 규명 및 전문 집단과의 협의

③ 3단계 : 기술적, 합리적, 경제적인 해결책 마련 및 법리화, 실내공기 유지기준, 권고기준 마련 및 자료의 Data base화

(8) 최근 기술 동향

① 기존의 필터 방식은 미세입자 제거를 위해서는 매우 느린 유속(1~5m/min)이 요구되어 설치공간이 많이 소요되며, 원심력 식은 분리입경이 10μm 정도로 RSP(호흡성 입자상물질) 제거에는 현실적으로 무리가 있다.

② 이온화 방식은 음이온과 양이온 방식으로 음이온의 대전을 위해서 코로나 방전식이 필연적이며 이 경우는 오존이 발생할 수 오존은 실내공기오염 물질의 영향 인자로 인체에 해를 끼친다. 또한 습식을 사용하는 경우가 어려워 건식의 경우는 역전리나 재 비산으로 제진 율이 현격히 낮아지는 약점을 갖고 있으며 수시로 집진면의 청소가 필수적이다.

③ 최근은 탄소 나노 튜브(CNT) 등을 이용한 제거 기술로 전기장에 의한 방법이 D대학교, F사 등에서 활발히 연구되고 있고 기대가 되며 특장점은 1μm 이하의 미세먼지에 효과적이면서 빠른 선속도로 제거 가능한 점이다. 향후 이런 종류들의 다른 기술의 개발이 국민 건강에 시급한 상황이다.

④ 실내공기질의 영향 인자는 여러 곳에 있다(예 : 진공청소기, 에어컨 필터, 실내공기 청정기, 환기 시 급배기용 장치, 자동차 캐빈 필터, 마스크).

⑤ 사용기기 등의 점검이 시급한 상황이라 판단된다.

⑥ 미세먼지 및 습도 조절

겨울철 실내는 상대습도의 저하 및 밀폐공간으로 미세먼지농도가 상승하는 경향

이 있다. 방지책으로는 경사판에 의한 습도와 미세먼지 제거기능을 갖추는 장치로 C사의 기술로 다음이 있다.

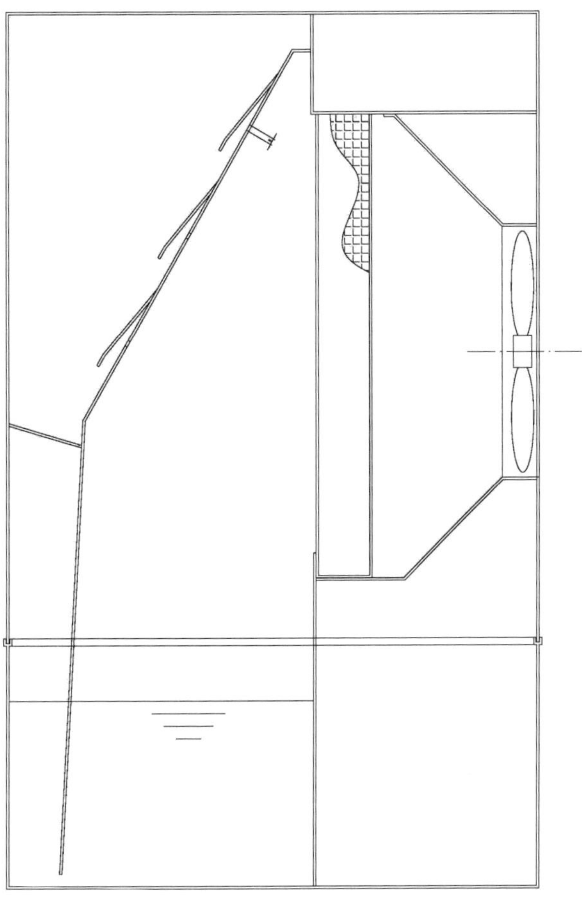

CHAPTER 05

오염물질의 인체 영향

(1) SBS(빌딩 증후군, Sick Building Syndrome)

1) 정의

① 빌딩 내 거주자가 밀폐된 공간에서 유해한 환경에 노출되었을 때 눈, 피부, 상기도의 자극, 피부발작, 두통, 피로감, 심한 나른함 현상이 단기간에 나타나는 급성 발진증상을 말한다.

② 건물의 특정 부위에 있을 수 있고 전반적으로 있을 수도 있다. 공기조절이 안 되고 실내공기오염 상태에서 온도, 습도 등이 부적합할 때 심화되고 특히 산소 농도 저하에서 심화되며 사람의 성향에 따라 약간의 차이가 있다.

2) 원인

① 저농도의 복합 유해가스의 현상

② 스트레스 원인(산소부족, 과난방, 전자기기의 사용, 소음, 흡연)

③ 인간공학적인 물리적 현상

④ 건축자재로부터 오염원 발생

3) 영향

① 졸음, 집중력 저하, 피곤함, 두통, 눈 및 인후의 자극, 피부 발진

② 작업능률 저하

③ 정신적 피로

4) 대책

① 공기정화식물 비치

② 실내 환기(2~3hr/1회)

③ 공기청정기를 이용한 공기 정화

④ 오염원 제거

⑤ 스트레칭

(2) MCS(복합 화학물질 민감 증후군, Multiple Chemical Sensitivity)

1) 정의

① 유해물질이 다량인 곳에 거주하던 사람이 다른 곳에 이주해서 그와 유사한 물질에 노출되면 심각한 현상이며 과민 증세라고 정의된다.

② 미국의 란돌프 박사는 특정 화학물질에 오랫동안 접촉하고 있으면 후에 잠시 접하기만하여도 심각한 증세를 나타내는 현상으로 정의하였다.

2) 원인

① 특정 유해가스 관련 사업장에 장시간 근로자

② 정신쇠약증세가 있는 자

③ 특정 물질의 고농도에 장시간 노출된 자(경우에 따른 순환 근무 배치 필요)

3) 증상

자율신경장애, 신경장애 및 신경쇠약, 소화기장애, 말초신경장애, 면역장애

4) 대책

① 창문을 통한 환기 및 지속적인 기계식 환기

② 공기청정기를 이용한 공기 정화

③ ATHU에 의한 조절

④ 면역기능 향상 및 작업장의 순환제 도입

(3) SHS(새집 증후군, Sick House Syndrome)

- 원인 : 가옥, 기타 건축물의 신축 시 자재나 벽지에서 나오는 유해물질, 새 가구에서 나오는 유해물질로 인해 거주자들이 느끼는 불쾌감과 두통, 눈의 자극 증세들을 말한다. 원인 물질로는 휘발성 유기화합물(VOC), THC(총 탄화수소류), 포름알데히드(HCHO), 스틸렌(C_8H_8) 등이 있으며 특히 스티렌의 경우 작게는 눈, 가려움증, 현기증, 피로감을 느끼며 심한 경우는 암을 유발할 수 있는 발암성 물질이다.

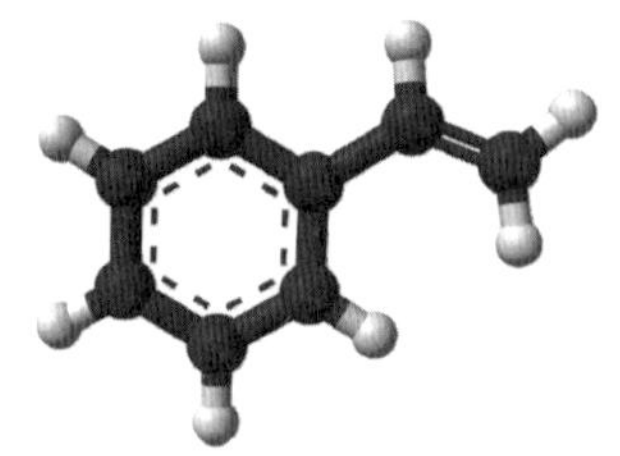

[그림 5-1] Stylene의 분자 구조도

(4) BRI(빌딩 관련 질병 현상, Building Related Illness)

건축물 공기에 대한 노출로 인해 야기된 질병으로 병원균에 의해 발생되는 레지오넬라병, 결핵, 폐렴 등이 있으며 증상의 진단이 가능하다. 공기 중에 부유하는 물질이 직접적인 원인이 되는 질병으로 레지오넬라균은 호흡기 질환을 야기하는 바이러스 중 하나로 물 속에서는 1년까지도 생존하는 것으로 보고되고 있다.

(5) 석면의 영향

1) 석면은 자연계에서 산출되는 얇고 강한 섬유상 물질로 굴절성, 내열성, 절연성, 내압성 및 산, 알칼리에 강하고 내약품성이 우수하여 각광을 받는 재질이었으나 1급 발암성 물질로 지정되면서 사용 금지된 품목이다.

2) **석면폐증**

① 석면을 취급하는 작업에 4~5년 종사 시 폐하엽 부위에 다발하며 흉막을 따라 폐증엽이나 설엽으로 퍼져간다.

② 흡입된 석면섬유가 폐의 미세기관지에 부착하여 기계적인 자극에 의해 섬유증식증이 진행되며 폐의 석면분진 침착에 의한 섬유화이다.

③ 석면분진의 크기가 길이는 5~8㎛보다 길고, 두께는 0.25~1.5㎛보다 얇은 것이 석면폐증을 잘 일으킨다.

④ 인체에 대한 영향은 규폐증과 거의 비슷하지만 구별되는 증상으로 폐암을 유발시킨는 점이다(결정형 실리카가 폐암을 유발하며 폐암 발생률이 높은 진폐증).

⑤ 늑막과 복막에 악성 종파종이 생기기 쉬우며 폐암을 유발시킨다.

⑥ 증상으로는 흉부가 야위고 객담에 석면소체가 배출된다.

⑦ 폐암, 중피종암, 늑막암, 위암 등을 일으킨다.

⑧ 석면폐증의 용혈작용은 석면 내의 마그네슘(Mg)에 의해서 발생되며 적혈구의 급격한 증가 증상이다.

⑨ 비가역적이며, 석면노출이 중단된 후에 약화되는 경우도 있다.

⑩ 폐의 석면화는 폐조직의 신축성을 감소시키고, 가스 교환능력을 저하시키므로 결국 혈액으로의 산소공급이 불충분하게 된다.

3) 규폐증

① 규폐증은 결정형 규소(암석 : 석면분진)에 직업적으로 노출된 근로자에게 발생하는 진폐증의 일종이다.

② 폐조직에서 섬유상 결절이 발견된다.

③ 유리규산(SiO_2) 분진 흡입으로 폐에 만성섬유증식이 나타난다.

④ 유리규산(석영) 분진에 의한 규폐성 결정과 폐포벽 파괴 등 망상내피계 반응은 분진입자의 크기가 2~5μm일 때 자주 일어난다.

⑤ 자각증상 없이 서서히 진행된다(만성 규폐증의 경우 10년 이상이 지나서 증상이 나타남).

⑥ 고농도의 규소입자에 노출되면 급성 규폐증에 걸리며 열, 기침, 체중감소, 청색증이 나타난다.

⑦ 폐결핵을 합병증으로하며 폐하엽 부위에 많이 생긴다.

⑧ 규폐결정의 형성 학설은 기계적 자극설, 화학적 자극설, 면역학설, 용해성 등이 있다.

⑨ 폐에 실리카가 쌓인 곳에서는 상처가 생기게 된다.

⑩ 규폐증은 이집트의 미라에서도 발견되는 오랜 질병이며 채석장 및 모래분사 작업장에 종사하는 작업자들이 잘 걸리는 폐질환이다. 즉, 석재공장, 주물공장 등에서 발생하는 유리규산이 주원인이다.

(6) 라돈의 영향

① 라돈 및 라돈의 부산 물질(낭핵종)은 인체에 호흡기계 질환을 유발하는데, 이는 개인이 들이마시는 공기 물리적 특성, 양, 폐의 생물학적 특성에 따라 상이하게 나타난다.

② 라돈은 호흡기 질환 중 폐암을 유발시켜 사회적으로 관심물질로 부각되고 있다.

③ 라돈은 알파(α)－붕괴에 의하여 라듐의 낭핵종이 생성되는데 이 낭핵종은 기체가 아닌 미세한 입자로 흡입 시 폐에 흡입되어 폐포나 기관지에 부착하여 알파(입자)선을 방출함으로써 폐암을 유발한다.

④ 라돈과 라돈 붕괴자손은 기관지 세포에 악영향을 미칠 수 있는 강력한 방사성 입자를 방출시키기 때문에, 미량으로도 인체에 발암성을 나타낼 수 있다.

⑤ 라돈은 거의 대부분이 호흡 시 함께 배출되므로 라돈 자체로서는 인체에 피해가 거의 없으나 붕괴자손인 폴로늄 218(^{218}p)과 폴로늄 214(^{214}p)는 전기적으로 대전되어 있으며, 이들 종은 인체에 직접적으로 혹은 입자에 부착되어 간접적으로 호흡에 의해 체내로 흡입되고 폐 속에 침착되어 폐암을 유발한다.

⑥ 미국 환경보호청의 보고에 의하면 미국에서 연간 13만 건의 폐암 사망자 중 약 5천~2만 명이 주거지 내의 라돈에 폭로되어 사망한 것으로 추정하고 있다. 가장 쉬운 방법은 실내 환기를 자주 시키는 것이다. 실내에 쌓인 오염물질을 자주 내보내야 라돈의 피해도 줄일 수 있다.

⑦ 집이나 사무실 등이 오래된 건물일 경우, 바닥이나 벽 등에 균열이 있으면 고쳐야 한다. 또 집을 짓거나 고칠 때는 라돈이 방출되는 석고보드 등 건축재를 사용하지 않는 게 좋다. 또한 가능하면 지하공간에서 생활하는 시간을 줄이는 것이 좋고, 라돈과 상승작용을 일으키는 흡연은 삼가해야 한다.

(7) 포름알데히드(HCHO)

상온에서 자극성이 있는 무색의 환원성 기체로 건설재료 및 목재에 다량 함유되어 있으며 인체에 미치는 영향은 독성 정도에 따라 흡입, 흡수, 피부를 통한 경로로 흡수되며 주로 눈, 코, 목에 강한 자극작용을 한다. 세분화하면 불쾌감, 재채기, 기침, 구토, 호흡곤란 등의 증상이 나타나고 발암성으로도 인정되고 있다. 유전적 변이원으로 호흡기 질환, 폐수종 및 폐간질염, 생리불순 등을 유발하는 강력한 물질로 보고되고 있다.

[표 5-1] 포름알데히드가 인체에 미치는 영향

농도(ppm)	인체영향
0.1~5	눈의 자극, 최루성, 상부기도의 자극
1 또는 그 이하	눈, 코, 목의 자극
0.25~5	기관지천식이 있는 사람에게서 심한 천식발작
10~20	기침, 폐의 압박, 머리가 무거움, 심장박동이 빨라짐
50~100	폐 체액의 집적, 폐의 염증, 사망 입으로 마실 경우, 구강, 목, 복부의 맹렬한 고통, 구토. 설사, 현기증, 경련, 의식불명

(8) 집먼지 진드기

비염, 피부염, 아토피성 피부염, 기관지 천식, 결막염 등이 예상된다.

(9) 곰팡이

각종 피부질환, 호흡기 질환(기관지염, 폐혈증, 아토피성 피부염 등)의 직접적인 원인으로 곰팡이는 특히 질병에 대한 저항력이 약한 영아, 유아나 노인, 환자들에겐 매우 위험하다.

(10) 꽃가루 알레르기

① 알레르기는 바람으로 꽃가루받이를 하는 풍매화로 인해 발생되며 버드나무에서 생기기 쉽다.

② 알레르기를 일으키는 물질이 공기를 흡입하는 과정에서 체내에 들어오게 되면 기관지에 알레르기 염증이 일어난다. 이 염증 때문에 기침이나 재채기는 물론, 심한 경우 호흡 곤란이 나타날 수도 있다.

③ 코점막이 알레르기 물질의 예민한 반응으로 맑은 콧물이 흐르거나 재채기가 발작적으로 터지고 코나 눈 주위가 가려우면서 코가 심하게 막히고는 한다.

④ 눈의 결막에 알레르기 물질이 접촉하면 염증이 생겨서 알레르기 반응이 나타나며 눈이 가렵거나 충혈되고, 화끈거리거나 눈이 부시고 눈물이 흐르는 증상이 나타난다.
⑤ 붉은 발진과 함께 심한 가려움증이 나타나는 아토피 피부염의 원인이 된다.

(11) CO_2(이산화탄소)

이산화탄소는 무색, 무취, 무미의 기체로 일반적으로 0.04~0.07%정도로 존재하고 있지만 환기가 없는 침실 등 특수 조건에서 급상승하며 심한 경우 1%까지도 상승한다. 미국의 경우는 실내 기준이 2,000ppm으로 되어 있고 대부분의 국가는 1,000ppm으로 규정하고 있으며 2~3%로 증가하면 호흡곤란, 두통 등의 증상을 일으킨다. 이산화탄소의 증가는 산소결핍으로 이어지며 이는 매우 중요한 부분이다.

(12) CO(일산화탄소)

일산화탄소는 무색, 무취, 무미의 무자극성의 기체로 의식하지 못하고 중독되게 된다. 혈액 속의 헤모글로빈과 결합하여 카복시헤모글로빈(Carboxy hemoglobin : CoHb)을 형성함으로써 산소의 전달기능을 저해하여 중독될 경우 뇌에 산소전달을 방해하여 두통, 구토, 빈혈 등을 동반하고 심한 경우 사망에 이르게 한다. 공기 중 900ppm/hr정도면 두통이 생기고 1,500ppm/hr면 사망에 이르게 된다. CoHb가 40%를 초과하면 회복이 불가능하다.
혈액 중의 산소, 헤모글로빈의 결합체인 옥시헤모글로빈(Oxyhemoglobin : O_2Hb)의 비례식은 다음과 같다.

$$[CoHb \div O_2Hb] = R \times [Pp_{CO} \div Pp_{O2}]$$

R : 200~ 300배
Pp_{CO} : 공기 중의 CO의 분압

Ppo_2 : 공기 중의 산소의 분압
CoHb : 혈액 속의 CO 농도
O_2Hb : 혈액 중의 산소 농도

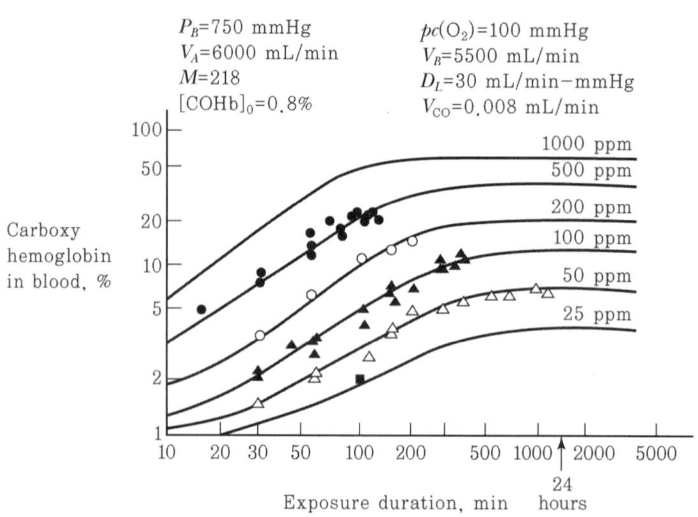

문제 실내공기 중 CO의 농도가 500ppm이고 산소 농도는 21V%이고 비례계수는 300이라면 혈액 중의 CoHb의 양은 몇 %로 예측되는가?

해설 $[COHb \div O_2Hb] = R \times [Pp_{CO} \div Pp_{O_2}]$

R : 300배
Pp_{CO} : 500ppm
Pp_{O_2} : 21×10^4
COHb : X
O_2Hb : (100−X)
$[X \div (100-X)] = 300 \times [500 \div (21 \times 10^4)]$
X = 41.5%로 회복이 불가능한 상태에 이른다.

(13) 오존(O_3)

O_3은 무색, 무미의 기체이면서 비릿한 냄새를 유발하며 냄새의 종류는 F_2와 유사하다. 구성은 3개의 산소원자로 되어 있으며 자연적으로도 10~20ppb정도는 생성되

지만 매우 불안정하여 작은 충격에도 쉽게 사라진다. 실내의 오존은 광화학 반응에 의해 생성된 외기의 유입으로 존재하거나 레이저 프린트, 복사기, Fax에서 발생된다. 최근은 실내 공기청정기의 전기집진방식에서 코로나 방전에 의해 발생량이 증가해 있다. 대표적인 피해는 두통, 기침, 가슴통증, 매스꺼움, 호흡기 염증 등 다양하다.

[표 5-2] 오존(O_3)의 농도수준 및 폭로시간별 인체에 미치는 영향

농도(ppm)	폭로시간	인체 및 실험동물에 미치는 영향
0.02	5분	냄새감지
0.03~0.3	1시간	달리기 선수의 기록저하
0.05~0.1	30분	불안감을 느낌
0.05~0.2	–	코 및 인후의 자극
0.05~0.6	1시간	천식환자의 발작빈도 증가
0.08	3시간	동물(쥐)의 세균감염, 감수성 증가
0.1	30분	두통, 눈에 자극
	1시간	시각장애, 폐포 내의 산소의 확장 저하
	2시간	폐동맥 산소 분압 증가
	24시간	눈자극 증상 증가
0.1~0.25	30분	호흡수의 증가
0.2	1시간	동물(쥐)의 적혈구 변형
	6시간	동물(쥐)의 자율운동 감소
0.2~0.8	–	눈에 자극
0.3	–	호흡기 자극, 가슴압박
	5분	호흡량의 증가
0.34	2시간	동물의 호흡량 증가
0.35	3~6시간	시력감소
0.37~0.75	2시간	호흡량 현저히 감소
0.4	2~4시간	기도 저항 증가, 호흡량 감소
0.5	2시간	폐기능 저하
	6시간	기도저항의 증가와 폐기능 현저히 감소
	2~6시간	동물(쥐)의 폐세포 팽창
0.6~0.8	2시간	기관지 자극, 폐기능 저하
0.8~1.5	–	폐충혈

0.9	5분	기도저항의 심각한 감소
1.0	6시간	동물(쥐)의 사망률 증가
1.5~2.0	2시간	심한 피로, 가슴통증, 기침
9.0	–	급성 폐부종

(14) 미세먼지

먼지의 종류는 미세먼지(Fine Dust)와 조대먼지(Coarse Dust)로 분리한다. 과거 2010년경까지는 먼지로 총칭하여 관리하였으나 그 후 PM10으로 10μm 이상과 이하로 분리하기 시작했다. 이유는 인류에게 피해를 주는 것은 10μm 이하의 입자상 물질이 영향을 미치며 10μm 이상은 대부분 상기도(비강경로)에 부착되거나 대기 중에 장시간 부유하지 않고 중력 하강하기 때문이다. 최근 들어서는 PM2.5로 분리하고 있으며 초미세먼지로 2.5μm 이하의 입자상 물질을 분리하고 RSP(호흡성 입자상 물질)로 규정한다. 중요한 사실은 입자의 크기가 작으면 작을수록 인류에게 주는 피해가 심각하다는 점이다. 미세입자의 체류는 대류권 하부에서는 1~2주 정도 체류하는 것으로 보고되고 있다. 피해로는 눈, 코, 상기도 점막의 자극, 호흡기 질환 등으로 감기, 천식, 기침 및 폐질환을 유발하며 최근 보고에 의하면 0.5μm(500nm) 이하의 입자상 물질은 피부를 통해 침투하거나 혈관 벽을 통해 침투한다는 보고가 있다. 미세먼지의 피해는 미세먼지 독자적인 것보다 다른 유해가스와 결합되어 있거나 중금속 등 다른 입자상 물질을 포함하고 있어 피해가 심각하다.

(15) 전자파가 인체에 미치는 영향

1) 전자파와 생체 작용

전자계에 의한 생체 작용은 열작용, 자극작용, 기타작용으로 분류할 수 있다. LF파(300KHz)와 VLF(300KHz)파를 경계로 자극작용은 저주파, 열작용은 고주파 영역에서 지배적이다.

① 열작용은 조직 내에 열 발생에 의한 체온 혹은 조직의 온도 상승이다. 온도 상승은

단위질량조직이 단위시간당 흡수하는 에너지의 양 SAR(Specific Absorption Rate, 비 흡수율)을 평가량으로 한다.

② 자극적 작용은 인체조직에 유도된 전류밀도와 관련된다.

③ 비흡수율과 유도전류는 인체조직 내부의 전계강도와 조직의 도전율에 의존되지만 특별한 측정 방법이 현재는 정례화되어 있지 않고 일부 전문가들이 개인적인 방법으로 예측하는 수준이다.

2) 극저주파(ELF파)

열작용으로 연구된 마이크로파(라디오파 이상의 단파장)에 비해 극저주파는 염두에 두지 않았으나 1980년대에 이르면서 전자기기의 사용량이 많아지고 전력 사용량이 급증하면서 관심이 높아졌으며 최근 고압 송전선, 변전소, 고압 출력기기에 의해 자극작용이 있는 것으로 나타나서 문제시되고 있다. 일부 보고에 의하면 송전선 근처에 거주하는 사람이 유산이 많고 소아의 백혈병 발생율이 높은 것으로 나타나기도 하고 VDT(Visual Display Terminal, 컴퓨터 모니터 증후군)사용 여성에게 불임이 많다는 보고도 있으나 검증된 이론이라 하기에는 이르다.

극 저주파로부터의 피해 예방으로는 송전선과 멀리 이격하고 농작물, 나무, 건축물 등의 방해물이 필요하다.

전류(V/cm) = 저항값(Ω.cm) × 전압(A/cm^2)

발생원	전계강도 (30cm 지점, V/m)	발생원	자계강도 (30cm 지점, mG)
전기쿠커	4	전자레인지	3～50
토스터	40	접시세척기	7～14
전기담요	250	냉장고	0.1～3
전기다리미	60	세탁기	2～20
헤어드라이어	40	헤어드라이어	0.7～3
증발기	40	토스터	0.6～8
냉장고	60	전기다리미	1～4
텔레비전	30	믹서	6～150
전축	90	진공청소기	20～200
커피포트	30	건조기	1～100
진공청소기	16	전기면도기	1～100
믹서	50	텔레비전	0.3～20
백열전구	2	형광등	20～40
		탁상용전등	5～20
		전기톱	10～300
		전기드릴	25～40

3) RF 및 마이크로파의 영향

RF(Radio Frequency) 및 마이크로파는 고주파의 영역으로 열작용이 지배적이다. 단위시간당 흡수하는 에너지의 양 SAR(Specific Absorption Rate, 비 흡수율)이 4～8watt/kg를 초과하면 체온의 상승과 함께 여러 가지 몸에 영향을 미치는 것으로 알려져 있다. 그러나 4～8watt/kg를 초과하지 않을 시에도 장시간 노출은 인체에 영향을 미칠 것으로 판단된다.

(16) 악취의 인체 영향

악취가 인체에 미치는 영향을 간략히 요약하면 4가지 정도로 나눌 수 있다.

1) 정신활동에 미치는 영향

좋은 향기와 숲이 주는 냄새는 기분이 상쾌해지고 심신의 안정을 유지할 수 있는 정신적인 평안함을 주며 이로 인해 침착한 행동을 하게 된다. 그러나 악취의 경우에는 두통, 불쾌감, 불안감, 식욕감퇴, 의욕 상실 등 무기력증을 동반하며 심하면 공황상태에 이르게 된다.

2) 순환기 계통에 미치는 영향

향기는 심호흡을 하게 되고 혈압강하의 진정 작용이 있지만 질산나트륨($NaNO_3$) 같은 악취 물질은 협심증의 증세를 일으킬 수도 있다. 그 외에 영향에 대해서도 연구 규명이 필요한 부분이다.

3) 소화기 계통에 미치는 영향

향기는 식욕을 자극하고 위장운동을 촉진하지만 악취는 식욕감퇴, 구토, 소화액 분비 중지로 인한 구역질, 위장활동 억제 등의 증세가 나타나기도 한다. 숲속에서 또는 야외에서의 식욕이 좋아지는 경우도 일부 영향이 있는 것으로 판단된다.

4) 생식기에 미치는 영향

부패 냄새는 성욕을 감퇴시킨다는 연구 보고서가 있으며 가축이 암모니아(NH_3)에 과도한 노출이 된 경우 유산이나 불임을 한다는 연구 결과가 있다.

(17) 담배의 영향

1) 타르

담뱃진이라고 일반적으로 말하는 것으로 약 20여 종의 A급 발암물질이 함유되어 있으며 타르 자체로도 맹독성이 있어 작은 동물이나 곤충을 치사에 이르게 할 수 있다. 폐로 들어가 혈액에 스며들어 우리 몸의 모든 세포, 모든 장기에 피해를 주기도 하고 잇몸, 기관지 등에 직접 작용하여 표피세포 등을 파괴하거나 만성염증을 일으키기도 한다. 타르의 양은 담배의 종류에 따라 다르지만 "1~10mg/1개피" 정도이다. 이들 중 대부분은 필터에 의해 제거되고 5% 정도가 인체에 유입되지만 적지 않은 양이다.

2) CO(일산화탄소)

일산화탄소의 영향으로 흡연실에 장시간 있으면 산소결핍에 의해 어지러움, 두통을 느끼게 되며, 산소보다 결합력이 약 300배 정도 빠른 CO-Hb(카복시 헤모글로빈)가 원인이다.

3) 니코틴

흡연자들의 금연이 어려운 것이 이 니코틴 때문이다. 니코틴은 마약과 같은 성질로 혈중 니코틴 유지의 습성이 있으며 흡연자는 30~40분에 한 번씩 담배를 피우게 된다. 그래서 순한 담배를 피우면 더 많이 피우게 된다는 점이다. 신경계에 작용하여 교감신경과 부교감신경을 자극하여 일시적인 쾌감을 얻게 하고 경우에 따라서 환각을 일으키기도 한다. 마약 같은 습성을 갖게 하고 창의력을 향상시키기도 하기 때문에 스트레스 해소를 위해 흡연을 하는 경우가 있다. 그러나 일시적일 뿐이다. 니코틴이 체내에 흡입되면 3일 정도 남게 된다.

① 말초혈관을 수축하여 맥박을 빠르게 한다.

② 혈압을 상승시켜 고혈압을 일으킨다(평상시의 혈압과 흡연 직후의 혈압을 보면 10~20% 상승하는 것을 확인할 수 있다).

③ 콜레스테롤 증가와 동맥경화 악화

④ 소화기에 작용하여 위궤양을 일으킨다.

4) 폐암 유발

하루에 한갑을 흡연하는 자의 폐암 발병율은 비흡연자보다 50배 정도 높다. 금연을 한 후에 1년 정도 지나면 급격히 감소하지만 위험도는 15년 정도 지속된다.

5) 식도암, 구강암, 후두암

발병율을 40배 이상 증가시킨다. 술과 동시에 흡연을 하는 경우에는 더욱 증가된다. 원인은 4,000여 종의 연기에서 나오는 화학물질이 각 기관에 흡착되며 소수성의 경우에는 배설되는 경우가 많지만 알코올에는 용해가 되어 체내에 전파한다.

6) 자궁경부암

성생활에 의한 바이러스 감염으로 발병한다고 알려져 있으나 흡연여성이 비흡연여성보다 약 17배 정도 높게 나타난다는 보고도 있다.

CHAPTER 06

산소의 영향

인류의 생존 속에 이용되는 물질 중 산소의 중요성은 강조해도 지나치지 않을 정도다. 지구의 역사 30억 년 전부터 산소는 존재 했을 것으로 보이며 만약 지구상에 산소가 존재하지 않았더라면 인류가 지구의 역사에 등장하는 일도 없었을 것이다. 산소는 이 지구상에 존재하는 대부분의 생물에게 필수불가결한 것으로서 산소로부터 에너지를 만드는 능력을 습득함으로써 여러 가지 생물이 탄생하고 진화되는 역사가 진행되어 왔다.

생명의 생성과 유지 과정에서 가장 기본적인 4요소는 단백질, 탄수화물, 물과 에너지이다. 이 물질들은 기본적으로 산소에 의한 구조적이다. 단백질은 산소+탄소+질소+수소, 탄수화물은 산소+탄소+수소, 물은 산소+수소로 구성되어 있으며, 에너지는 탄수화물+산소이다.

결국 이 중에서 어느 하나도 산소 없이는 에너지를 만들어 낼 수가 없다. 인류는 물, 음식물이 없어도 장시간 견딜 수 있지만 산소가 없이는 단 몇 분도 살 수가 없다. 우리 몸의 모든 기능은 산소에 의해 조절되기 때문이다. 하지만 산업혁명 이후 심각한 환경문제를 야기시켰으며 이는 산소의 부족 현상을 낳았다. 산업혁명이 산소공장의 파괴를 야기시켰기 때문이다.

산소의 양은 지속적으로 감소 추세에 놓여 있다. 실제 과학자들이 북극의 얼음층을 뚫어서 생성된 공기방울 속의 산소를 분석한 결과 지구의 대기권이 어느 한 시대에는 38~50%의 산소를 함유하고 있었다는 것을 알아냈다. 하지만 요즘 우리 시대에는 산소의 양이 38%에서 21% 이하로 감소되었으며 지속적으로 CO_2의 증가와 함께 O_2는 감소추세에 있다. 이런 추세에 의한다면 인류는 물을 사서 마시는 것처럼 산소를 사 마시는 상황이 올지도 모른다. 불과 20년 전만 해도 물을 사서 마신다는 생각을 한 사람은 많지 않았다.

(1) 산소(酸素, Oxygen, O_2)란 무엇인가

일반 사람들은 우리가 숨 쉬고 있는 공기는 흔히 산소만 있는 것으로 알고 있다. 그러나 대류권의 대기질에는 V%로 산소는 21% 정도이고, 질소가 78% 존재하며 그 외에 아르곤, 이산화탄소, 헬륨, 네온, 크립톤, 크세논 등의 기체가 수 ppm 정도로 들어 있다. 인류의 생활에서 산소는 가장 중요한 부분이다. 병원의 산소호흡기는 50V%의 산소를 환자에게 공급함으로 혈액 속의 산소 분압을 높여 헤모글로빈이 증가되고 이 헤모글로빈에 의해 각 세포로 산소가 신속히 공급되어 필요한 에너지를 얻도록 하는 것이다. 산소가 건강에 가장 중요한 부분이다.

(2) 산소의 부족

현대인은 절대적인 급성 및 만성 산소부족을 겪고 있다. 산소부족에는 두 가지의 의미가 있다. 하나는 대기 중의 산소가 감소하고 있다는 사실이다. 도시지역과 기밀성 높은 주택에서는 산소부족 현상이 일어나기 쉬운 곳으로 전문가들의 조사에 의해 밝혀졌다. 다른 하나는 생활습관에 의한 산소부족이다. 이런 현상은 사람의 체내 산소부족을 야기하고 있다.

1) 대기 중의 산소부족

지구 대기 중에 포함되어 있는 산소의 농도는 오존층이 형성된 4억 5천만 년 전부터 21%를 유지해 왔다. 지구상의 생명도 이 산소 농도에 적응하면서 진화가 되어 왔지만 21세기에 접어든 현시점에서 지구의 대기권에는 무슨 일이 일어나고 있을까. 최근 일본에서 충격적인 연구보고가 발표되었다. 이 연구보고에 의하면 지구상의 산소가 매년 감소되고 있다는 것이다. 만약 이런 상태가 지속된다면 계산상으로 10만 년 후 지구상의 산소농도는 0이 된다고 한다. 화석 연료의 소비에 의한 이산화탄소의 증가와 더불어 급격하게 진행되는 도시화가 산소부족을 가속화시키고 있는 것이다.

산소 감소의 사실이 판명된 것은 이산화탄소에 대한 연구에서 기인한다. 이산화탄소의 사이클을 알기 위해서는 산소 농도를 측정하는 방법이 사용되기 때문이다. 이산화탄소의 측정을 시작한 것은 미국의 과학자 R.키링으로 1989년부터 1992년까지 로스엔젤레스 교외의 라호야, 오스트리아 남부지방 등 공기가 깨끗하다고 생각되어지는 장소에서 이산화탄소량을 측정하였다. 그 결과 대기 중의 이산화탄소량은 1958년에 310ppm이었던 반면에 현재는 400ppm까지 증가하고 있다는 사실이다. 산업화, 전력사용량 증가와 교통 증가는 화석연료의 사용량을 증가시킨다. 이산화탄소는 산소를 소비하면서 발생되기 때문에 이는 곧 산소의 감소를 의미한다.

이산화탄소는 지구의 알베도의 원리에 의한 방사하는 적외선을 흡수하는 온실효과에 의해 지구의 온도를 상승시킨다. 만약 이런 추세로 이산화탄소가 증가되어 그 배출량이 현재의 2배가 된다면 지구의 평균 기온은 약 3도 정도 상승할 것으로 예측된다. 따라서 산소와 지구온난화의 문제는 신생에너지 즉 태양에너지 등의 연구를 촉진시켰으며 신생에너지의 개발은 인류를 재앙에서 구하는 방법이다. 신생에너지의 연구는 21세기의 최대의 과제로 판단되며 그 종류로는 태양, 수력, 해양, 지열, 풍력 등이 있다.

2) 실내의 산소부족

인간이 만들어 낸 도시공간은 산소가 부족해지기 쉬운 구조상의 문제를 안고 있다. 특히 현대인은 지하상가와 지하철, 기밀성이 높은 공동주택 등 인위적인 산소부족이 일어나기 쉬운 환경 속에서 살아가고 있다. 그 이유는 교통의 편리성, 외부와의 접촉 기피, 개인주의에서 밀폐된 공간을 선호하고 인간이 내뿜는 이산화탄소와 건축자재로부터 방출되는 환경호르몬 등의 오염물질이 정체되기 쉬운 구조로 되어 있다. 일본 위생노동성의 규정 중 산소결핍증 방지 등 예방규칙에서는 노동환경이 18% 이상의 산소가 확보되지 않으면 안 된다고 규정하고 있다. 공기 중의 산소 농도가 12~16%가 되면 맥박과 호흡이 빨라지고 두통, 구토 증세 등이 동반되며 정신 집중에도 영향을 미친다. 10% 이하에서는 의식불명 상태가 되며 이 상태가 장시간 지속되면 결국 호흡이 정지되고 사망에 이르게 된다.

일상생활에서는 산소결핍이 아직까지 심각한 수준은 아니지만 밀폐된 공간에서는 아주 위험한 상황이 일어날 수도 있다. 왜냐하면 실내 산화탄소의 증가와 체내 일산화탄소 증가로 인해 산소 운반능력이 저하되기 때문이다.

부부 침실의 이산화탄소 농도 변화를 측정한 결과 취침 전에는 1,000ppm(0.1%)이던 것이 9시간이 지난 후에는 4,000ppm(0.4%)까지 상승하여 일본 빌딩위생관리법에서 지정한 이산화탄소의 안전기준치 0.1%를 훨씬 초과하는 결과가 나타났다. 이 경우는 2인 1실의 기준이며 동절기에 다인실의 경우에는 1% 이상까지 증가하는 실험 결과를 얻었다. 이 때문에 자기도 모르는 사이에 만성 산소결핍에 이르게 된다.

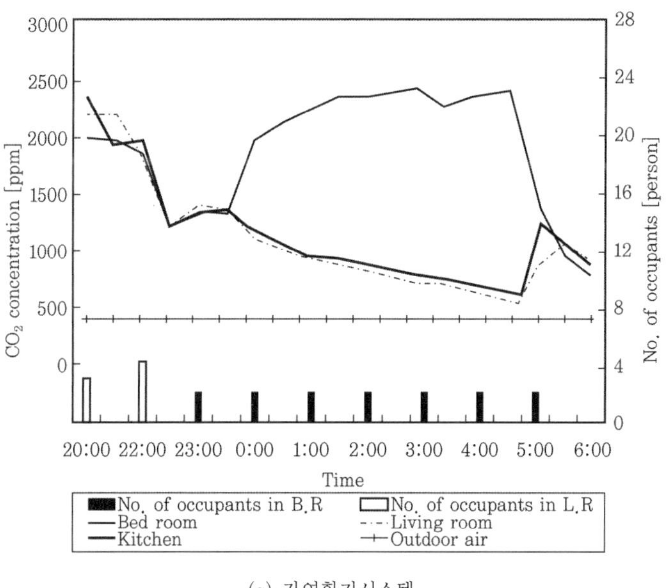

(a) 자연환기시스템

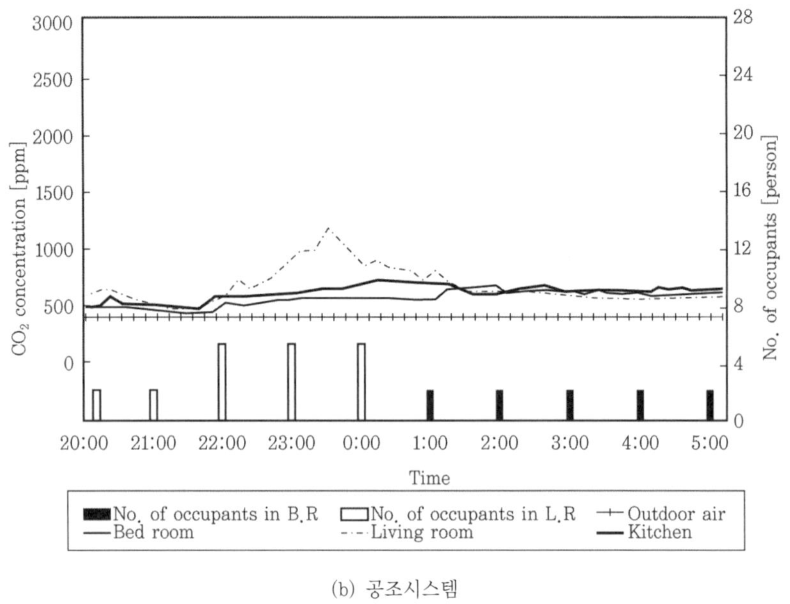

(b) 공조시스템

[그림 6-1] **취침 시 환기시스템별 이산화탄소가스 농도변화**

3) 체내의 산소부족

외부의 환경적 요인보다도 더 심각한 것은 현대인의 체내에서 일어나는 산소부족이다. 인체는 산소를 이용하여 에너지를 만들어 내는 정교한 시스템을 가지고 있지만 힘들게 마신 산소를 신체 곳곳으로 보급하는 기능이 약화되어 결과적으로 산소부족 상태가 되는 것이다. 그 원인으로는 환경오염과 농약, 식품 첨가제, 전자파 등에 의한 영향과 스트레스, 흡연, 운동 부족 등 편리함을 추구하는 현대인의 라이프스타일 변화를 들 수가 있겠다. 현대인은 산소부족이 생기기 쉬운 생활환경을 자신 스스로가 만들고 있는 것이다.

현대인의 질병의 원인으로 의학 전문가들은 활성산소를 이야기 하고 있다. 활성산소는 우리 몸이 외부에서 침입하는 세균 등을 제거하는 역할로 절대적으로 필요한 부분이지만 과량으로 인해 정상세포를 공격하고 DNA에 상처를 입혀서 암을 비롯한 질병들의 원인으로 작용하고 있으며 역으로 산소의 흐름을 방해한다. 산소 흐름의 방해는 혐기성 물질인 암세포를 성장시킨다. 따라서 건강을 위해 항산화물질을 흡수하고 있다. 활성산소가 다량으로 발생되는 원인은 환경오염 등의 외적인 요인과 흡연이나 운동부족 등의 내적인 요인을 들 수 있다.

노구찌에이세이 박사가 산소 결핍이 병의 원인임을 최초로 지적한 이후, 이 예측은 적중하고 현대인이 걸리는 질병이나 스트레스에 의한 정신적 질병 등 모든 원인은 산소부족에 있다는 것이 확실해졌다. 현대인에게 과다하게 발생되는 활성산소에 대항하는 최고의 방법은 체내의 항상성을 높이는 것이다. 이를 위한 가장 효과적인 방법은 유산소운동이다. 체내에 축적된 지방 등을 연소시키는 유산소운동을 지속적으로 행하면 최대 산소섭취량(1분간 마시는 산소량)을 높이고 지방질을 연소시킴으로써 콜레스테롤, 고지혈증, 암이나 생활습관에 의한 질병 등의 예방이 가능하다. 따라서 최대 산소섭취량이 높은 사람이 혈관질환을 예방하고 장수한다. 건강의 근원은 산소라고 정의된다.

(3) 문명의 발달과 산소부족으로 인한 다양한 징후들

인간의 몸은 동맥을 통해 흐르는 산소량을 감지하여 뇌에 상태를 알려주는 기능을 가지고 있다. 이상신호를 받은 뇌는 호흡중추를 시켜 호흡을 재촉하지만 체내에 산소부족 상태가 지속되면 증상이 나타나게 된다.

1) 저산소 혈증

기아로 인한 궁핍한 경우를 제외하고 전 세계적으로 최대의 사망 원인은 암이다. 그만큼 많은 사람들의 관심이 암에 집중되어 있다. 그러나 심장병이 급속하게 증가되고 있다는 사실도 간과해서 안 될 것이다. 우리의 심장도 모르는 사이에 서서히 쇠약해져가고 있는 것이다. 암 치료방법 중의 하나는 충분한 산소의 공급이다.

노구찌에이세이 박사는 그의 저서에서 모든 질병의 근원은 저산소혈증이라고 역설하고 있다. 이것은 암과 심장병이 세포 내의 산소부족으로 인한 것임을 의미한다. 또한 Dr. Otto Heinrich Warburg도 암은 저산소혈증에 의하여 발생한다고 주장한다. 산소 결핍에 의한 신진대사의 장애는 현대 의학에서 이미 상식이 된 학설로 통하고 있다. 최근 한의학과 양의학을 동시에 전공하는 교수들의 주장 내용을 보면 치료법으로 산소의 중요성을 말한다. 체내의 어떤 세포도 산소를 흡수하지 않고는 생존이 불가능하다.

문명의 발달은 식생활 및 생활습관에 따라 모르는 사이에 저산소 혈증으로 변화되고 있다. 따라서 평소에 꾸준하게 신선한 산소를 호흡하여 체질을 개선하는 것이 가장 중요한 부분이다.

2) 저산소혈증의 발생 원인

저산소혈증은 생활 습관과 문명이 원인이다. 과거에는 대기질의 청결함으로 유해물질로 보호받고 걷는 문화에서 유산소 운동을 스스로 했으며 대부분 1차 산업에 종사함으로써 충분한 유산소 운동이 이루어졌다. 그러나 수명이 길지 못했던 것은 의학 미개발 및 불균형한 식사습관이었던 것으로 생각된다. 그러나 모든 것이 현대화된 오늘날에는 멀지 않은 거리도 자동차를 이용하고 계단도 오르내릴 필요가 없어졌으며 생활은 점점 편리해져 가고 그에 따라 식생활도 크게 변하였다. 또한 인스턴트 식품, 편식, 음주문화는 위장을 혹사시키고 장기에 무리를 주어 유독성 노폐물을 체내에 생성시키는 역할을 하게 되었다. 이런 노폐물을 배설시키기 위해서는 다량의 산소가 요구된다.

대기오염 또한 심각한 문제이다. 산소 공급의 원천인 수목의 남벌과 각종 화석연료를 사용하는 공업화와 운송수단의 증가로 산소의 소모가 늘어난 것도 산소부족을 가속화시키는 원인이다. 게다가 현대 건축물은 공기의 순환이 원활치 못한데다가 대기오염과 냉난방장치로 인해 환기율이 줄어들어 우리의 신체는 실내의 산소 공급량 감소에 따른 산소부족증에 시달리고 있다.

3) 산소부족으로 인한 각종 질병

인체의 산소부족은 혈액의 흐름이 나빠지고 혈액의 농도를 짙게 하여 나쁜 콜레스테롤을 쌓이게 하며 다음과 같은 증상이 있다.

① 이코노믹 신드롬

비행기 탑승 중에 돌연사를 의미하며 산소부족의 원인이다. 장시간 운동이 없을 경우에 근육의 수축이 없어지기 때문에 펌핑 능력이 작아지고 혈액순환이 적어지면서 혈침을 생성시켜 심장에 쌓이게 되는 현상으로 특히 고혈압, 당뇨, 고지혈증 환자에게 위험하게 되고 예부터 건강에 취약한 노년층이 심한 것으로 알려져 있으며 효도여행 후의 사망도 유사한 원인으로 생각된다.

② 수면 무호흡 증후군

수면 중에 10~20초 동안 또는 그 이상 호흡이 중단되는 현상으로 밤새 수십에서 수백 번 진행이 된다. 이 또한 만성 산소결핍증으로 이어져 혈액 순환을 저해한다. 혈액순환 저해는 노폐물을 쌓이게 하고 반복적으로 산소결핍으로 이어진다.

③ 협심증, 심근경색, 뇌경색, 뇌출혈

산소공급이 원활하지 못하여 심혈관이 일시적으로 좁아지면서 생기는 질병

④ 통증

혈액의 흐름이 방해를 받으면 산소 공급이 원활하지 못하여 저려움과 동시에 통증을 일으키게 되며 편두통, 육상선수의 근육통들도 여기에 해당된다.

4) 산소와 인체의 연관성

① 뇌

일반 성인의 경우 몸속의 혈액의 양은 3~4L 정도가 흐르고 있다. 평균 약 145

억 개의 뇌세포가 정상적으로 활동하기 위해서는 인체가 소비하는 총 산소의 약 20%에 해당하는 양의 산소가 필요하다. 활동 시와 정지 시의 산소 소비량에 큰 차이가 있는 근육과는 달리 뇌는 다량의 산소를 항상 필요로 한다. 그리고 그 만큼의 산소를 보급하기 위해서 뇌에는 하루에 약 200L의 혈액이 흐른다. 이것은 전체 혈액량의 400배에 해당하는 양으로 만약 산소가 부족할 경우에는 뇌의 기능에 중대한 장애를 일으키게 된다. 또 산소의 공급이 끊어질 경우 뇌의 활동은 곧바로 정지하게 되고 그 상태가 30초 동안 지속되면 뇌세포는 파괴되기 시작해 2~3분 내에 재생불능의 세포파괴가 일어난다. 이른바 식물인간은 뇌세포의 파괴가 대뇌피질로 머무는 경우를 말하고 한층 더 진행되어 골수질에 이르게 되면 뇌사상태가 된다.

② 폐

평상시 건강한 어른의 호흡량은 1분에 15~18회 호흡하며 1회 호흡량은 1.5~2L 정도이며 산소량으로 300~500ml이다. 그 중에서 한 번의 호흡에 산소의 4~5%를 소비하고 CO_2를 배출하며 성인의 경우, 2,500~3,000L/day의 산소가 필요하다. 폐 안에는 호흡 중에도 움직이지 않고 남아있는 공기가 약 3,000 ml 정도 있지만, 이것은 주위 환경의 급격한 변화로부터 신체를 지키는 일종의 안전장치 역할을 하고 있다. 혈액은 심장에 의해 2~3분마다 허파꽈리의 모세혈관을 거쳐 신체 구석구석을 돌아서 검푸르게 변한 혈액(정맥)은 다시 폐로 보내져 산소와 만나게 된다. 인간의 폐포의 면적은 테니스장의 면적(약 2,500m^2) 정도로 폐포의 직경은 150~200μm 정도이며 호흡의 정도에 따라 표면적은 조금씩 달라진다. 거기서 혈액은 신체에서 흡수한 탄산가스를 버리고 신선한 산소를 받아들여 진홍빛의 혈액(동맥)으로 다시 바뀌는 것이다. 신체의 모든 세포는 기능을 완수하기 위해서 에너지를 필요로 한다. 포도당이나 지방산을 산화시켜 에너지를 만드는 세포소기관은 우리가 섭취한 음식물을 산소와 결합시켜 에너지를 발생시킴으로써 육체가 활동하는 데 필요한 근육을 사용할 수 있게 한다. 또한 신체가 에너지원을 연소시킬 때 부산물로서 탄산가스가 발생되는데 이 탄산가스가 축적되면 뇌나 심장, 중요 장기의 기능이 나빠지게 된다.

5) 산소의 효과

① 숙취의 해소

숙취의 의미는 음주 후 발생되는 두통, 매스꺼움, 나른함 등의 현상을 말하며 그 중 대표적인 것은 두통으로 CH_3COH가 원인이다.

술을 마시고 나면 체내에서 알코올이 분해되어 아세트알데히드로 변한다. 그리고 이것이 재분해되면 탄산가스와 물로 된다. 이렇게 알코올이 분해될 때에는 산소를 필요로 하며 이를 화학적으로는 1분자의 알코올을 탄산가스와 물로 완전히 분해시키기 위해서는 3분자의 산소가 필요하다. 즉 술을 마시면 마실수록 산소가 소비된다는 뜻이므로 숙취라고 하는 것은 일종의 산소부족상태라고도 말할 수 있는 것이다. 만약에 이런 분해반응에서 필요로 하는 양만큼의 산소가 공급되지 않는다면 아세트알데히드가 분해되지 않은 채 체내에 남아있게 되므로 숙취상태에서 발생하는 두통과 구토의 원인이 되는 것이다.

$$(CH_3)_2OH \rightarrow CH_3COH + 3H + O_2 \rightarrow CO_2 + H_2O$$

뇌파에 관한 실험 역시 알코올과 산소의 관계에 대한 의미 있는 결과를 보여주었다. 뇌파 측정 실험은 뇌파 중 어떤 파장이 어느 주파수에 대해 가장 밀집되어 분포되어 있는가를 조사하여 상관관계를 알아보는 방식으로 이루어졌다. 조사결과 안정 상태에서 11~13싸이클 대의 α파가 가장 많이 나타났으며 음주 후에는 8.5~11싸이클 대로 떨어지는 것을 확인하였다. 뇌파의 분포가 낮은 주파수대로 이동하는 것은 뇌의 활동이 저하되었다는 것을 의미한다. 음주 후, 빠르게는 90분이 경과한 후부터 이러한 현상이 나타나기 시작하는데 산소흡입 후에는 α파가 다시 증가하기 시작했다. 즉 정상적인 두뇌상태로 돌아간다는 의미인데

반응이 빠른 사람은 산소흡입 후 1~2분 이내에 이런 정상화가 시작되었다. 따라서 산소와 알코올의 관계를 정리해 보면 다음과 같은 결론을 도출할 수 있다.

- 숙취상태는 산소와 밀접한 관계가 있다.
- 산소 흡입으로 혈중 알코올 농도 증가를 억제시킬 수 있다.
- 산소 흡입으로 알코올에 의한 뇌의 기능저하를 복원시킬 수 있다.

이렇듯 알코올과 산소는 밀접한 관계가 있기 때문에 숙취로 둔화된 능력을 즉시 회복시키려면 산소흡입이 가장 좋은 방법으로 맑은 공기를 마시면 회복이 빠르게 된다.

② 뇌기능의 활성화

높은 산에서 술을 마셨을 때 의식이 몽롱해지는 것은 혈중의 산소농도가 저하되기 때문이다. 이로 인해 알코올 분해에 산소가 급격히 필요하지만 반면에 산소의 양은 500m에 1/2씩 감소하므로 산소흡입량이 저하될 수밖에 없기 때문이다. 나가부 교수는 이 점에 착안하여, 배기가스를 마셨을 때에도 동일한 증상이 발생할 수 있다는 가설을 세웠다. 가설검증은 뇌파 측정법을 사용하였다. 정상인의 평상시 뇌파 분포는 10Hz 내외의 α파가 대부분이며 0~4Hz의 δ파와 $\beta-1$파(10~20Hz) 및 $\beta-2$파(20~30Hz)가 중첩되어 나타났다. 이에 반해 잠을 잘 때와 같이 의식이 없을 때의 뇌파 분포는 α파가 사라지고 그 대신에 δ파와 같이 낮은 주파수의 뇌파가 주로 나타났다. 이런 현상을 응용하여 뇌파 분석기로 뇌파의 에너지율을 비교한다면 즉, α파나 δ파의 구성비를 조사해 보면 의식의 상태를 역으로 도출해 낼 수 있다.

18세에서 22세까지의 남학생을 대상으로 보통 실내공기, 자동차의 배기가스가 포함되어 있는 공기 그리고 고순도 산소 등 세 가지의 공기를 흡입하게 하고 뇌파를 조사하였다. 배기가스가 포함된 공기는 고속도로를 고속으로 주행할 때 채취한 것으로 일산화탄소 농도가 30~150ppm이었다. 이 공기를 실험대상자에게 3~10분간 호흡시켰더니 뇌파 중에서 α파는 감소하고 반대로 δ파나 β파가 늘어나 의식불명 상태에서 나타나는 뇌파 유형에 가까워진다는 결과를 얻었다. 이런 파형은 술에 취하였을 때 나타나는 파형과도 매우 유사한 것이다. 반면에 배기가스 실험 직후 이 실험대상자 모두에게 산소를 5~10분간 흡입시킨 결과 α파가 급속히 증가하여 평상시보다도 더 높아졌으며 동시에 δ파 등 낮은 주파수는 급격히 감소하는 경향을 보였다.

③ 심폐기능의 향상

신체를 구성하고 있는 무수한 세포에 지속적으로 산소가 공급되지 않는다면 인간은 살 수가 없다. 그 기능을 하는 것이 심장과 폐이고, 좌우 두 개의 폐에는 약 700개의 허파꽈리가 있다. 허파꽈리에서 혈액으로 받아들여진 산소는 심장의 펌프 작용으로 체내에 보내진다. 심장은 평균 80년 동안 1분당 70회의 박동을 한다. 환산하면 1일 약 10만 회, 80년 동안에 약 30억 회로 자고 있는 동안에도 쉬지 않고 전신에 혈액을 공급한다.

충분한 산소를 흡입하면 쇠약해진 심폐기능을 효과적으로 회복시킬 수 있다.

④ 콜레스테롤의 제거

혈액 중의 산소가 증가한다는 것은 그 산소를 운반하는 적혈구(헤모글로빈)가 늘어난다는 것을 의미한다. 산소가 증가하면 혈액량이 늘어나 다량의 혈액이 혈관을 타고 흐르게 되며, 그 때 혈관의 내벽에 붙어있던 콜레스테롤 등의 불순물들이 씻겨 내려가게 된다. 따라서 혈액 자체가 정화됨은 물론 가뿐한 몸으로 다시 태어나는 상쾌한 기쁨도 맛보게 된다.

⑤ 흡연과 매연으로 인한 체내 산소부족

담배의 유해성에 대한 연구결과 흡연은 운동능력을 저하시키며 폐암 등 각종 질병의 원인이 된다는 것을 알아냈다. 담배연기 중에는 약 4000종류의 유해물질이 포함되어 있으며, 대표적인 것으로는 니코틴, 타르, 일산화탄소(CO), 시안화수소(HCN) 등이며 이것들은 자극성이 있는 입자성 물질 즉, 연기의 형태로 나타난다. 담배연기 안에 포함되어 있는 일산화탄소는 우리 몸의 혈액이 산소와 결합하는 것을 방해하게 된다. 일산화탄소는 산소에 비해 300배 이상의 힘으로 헤모글로빈과 결합하는 성질을 가지고 있어 폐 안에 일산화탄소가 섞인 공기가 많으면 일산화탄소는 산소가 헤모글로빈과 결합하는 것보다 먼저 결합하게 되어 헤모글로빈의 산소 운반 능력을 저하시키게 되는 것이다. 또한 산소와 결합한 헤모글로빈이 각 조직에 도달해 산소를 분리할 때도 일산화탄소는 방해자 역할을 한다. 따라서 흡연은 만성 산소결핍을 일으킨다.

하루에 한갑 정도를 피울 경우 일산화탄소와 결합된 헤모글로빈 수치의 양(CO-Hb)은 총 헤모글로빈 수치의 3~6%까지 상승한다. 흡연 직후에는 이 수치가 10%를 넘는 경우도 있는 반면 비흡연자의 헤모글로빈 수치(CO-Hb)는 2~3% 정도이다.

담배를 한 모금 피울 때마다 경동맥을 순간적으로 30% 정도 수축시킨다고 한다. 그래서 당연히 뇌의 혈류도 감소하게 된다. 혈관이 수축되면 당연히 혈액의 흐름은 나빠지게 되고 산소도 정상적으로 운반될 수가 없는 것이다.

담배연기 중에는 이러한 유해물질 외에도 여러 가지의 자극성 물질이 포함되어 있으며, 담배연기가 몸 안에 들어가게 되면 반사적으로 기관지가 좁아져서 충분하게 산소를 호흡할 수 없게 되는 것이다.

⑥ 혈압의 안정

호흡은 거의 무의식 중에 일어나고 있지만 혈압과는 밀접한 상관관계를 갖고 있다. 건강한 사람의 경우 안정시의 호흡수는 1분에 15~18회 정도이며 리듬도 일정하다. 반면에 스트레스에 민감한 고혈압 환자인 경우에는 정상인보다 1/3까지 높게 상승하며 호흡이 빨라지고 리듬도 불규칙해지는 것이 특징이다.

혈압과 호흡에 대한 연구결과 산소를 마시면 혈압이 안정되는 것을 알 수 있다. 그 메카니즘이 과학적으로 충분히 규명되었다고 할 수 없지만 유산소운동 전, 후의 혈압을 측정하면 약 10%정도 낮아지는 것을 알 수 있다. 원인은 혈관의 팽창도 있겠지만 산소의 공급이 충분한 것도 설명이 될 수 있다. 예상되는 메커니즘은 다음과 같다.

- 혈압을 조절하는 중추신경계에 좋은 영향을 미치면서 자율신경의 활발한 움직임으로 혈관이 확장된다.
- 혈액 중의 산소를 운반하는 헤모글로빈의 움직임을 충분한 산소로 인하여 활발하게 한다.

⑦ 혈당관리

일반적으로 당뇨병 환자의 치료법은 식이요법, 운동, 약물치료의 3가지로 분류할 수 있다. 이들 중에서 운동요법이라 함은 에어로빅(유산소운동)을 말한다. 만약 운동을 하면서 대화를 나눌 수 있을 정도, 땀이 배일 정도의 가벼운 운동을 일정시간 지속하게 되면 혈당과 중성지방 수치가 떨어진다(약 30분 정도). 100m 달리기와 같이 호흡을 하지 않고 행하는 단시간의 격렬한 운동은 언에어로빅(무산소운동)이라고 하며, 이러한 운동은 혈당 수치를 오히려 높이게 된다. 왜냐하면 언에어로빅의 경우 근육 중에 있는 글리코겐이 주요한 에너지원으로서 사용되는 반면, 에어로빅의 경우에는 혈액 중의 혈당과 중성지방이 산소와 함께 주 에너지원으로 작용하기 때문이다. 따라서 혈당수치가 자연적으로 떨어지게 되는 것이다.

보통 우리 몸에서 당분이 소비될 때는 적당한 양의 인슐린을 필요로 한다. 반면에 산소를 받아들이는 유산소운동의 경우에는 인슐린을 거의 필요로 하지 않으면서 당분을 소비한다.

⑧ 암의 예방 및 치료

일반적으로 체내의 산소부족이 암을 발생시킨다는 것이 학계의 정설이다. 실질적으로 체내의 모든 기관이 정상적으로 기능을 발휘해 건강한 상태에 있을 때에는 정상세포의 유전자는 손상을 입지 않을 뿐만 아니라 손상을 입더라도 인체의 자가치유능력으로 곧바로 정상으로 복원된다. 하지만 발암물질들이 외부로부터 지나치게 많이 들어오거나 체내에서 지나치게 많이 생성되면 급격히 활성산소가 증가하고 인체는 이들을 분해하고 해독하는 능력에 한계가 있어 유전자에 상처를 입히게 된다. 이렇게 유전자가 상처를 입으면 암이 발생하는 것이다. 그런데 문제는 외부로부터의 발암인자보다는 음식물의 소화 과정 중 체내에서 만들어지는 발암물질이다. 음식물의 소화대사 과정에서 불충분한 대사로 인해 대사 과정이 중간에서 끊어지면 중간생성물이 체내에 누적되는데 이 노폐물과 이들 노폐물이 결합하여 만들어진 새로운 노폐물은 정상세포의 유전자에 상처를 입히게 된다. 또한 이러한 유전자의 손상은 의약품의 남용과 체내에 유입되는 기타 화학물질들에 의해서도 발생한다. 신진대사가 제대로 이루어지지 않아 대사가 중간에서 끊기고 노폐물이 축적되는 가장 큰 원인은 혈액 내에 산소가 부족하기 때문에 체내에 산소가 충분히 공급된다면 신진대사가 원활하게 이루어지고 노폐물을 적기에 분해하고 배설시키지만 산소가 부족하면 이러한 신진대사에 이상이 생기게 된다.

체내 산소가 부족한 원인은 산소가 적게 유입되어 체내의 산소가 적간 혹은 인체의 각 기관에서 산소를 잘 이용하지 못하는 경우이다. 하지만 어떠한 경우든지 체내의 산소부족은 암은 물론 모든 질병의 원인이 된다고 보는 것이 산소부족설의 요지이다.

암세포는 자기가 살 수 있는 생활 조건을 만들기 위해 정상 세포를 파괴할 뿐만 아니라 인체의 모든 신진대사 과정을 자신에게 맞는 환경으로 바꿔버린다. 이 과정에서 암세포는 산성의 독성물질을 분비해 체액과 혈액이 산성화되는데 이를 암성 악액질이라고 한다. 산성 독성 물질을 분비하는 암세포는 저산소 세포이므로 산소를 싫어하고 이산화탄소에 의지해 살아간다. 또한 암세포는 포도당을 불완전하게 분해하므로 포도당을 많이 필요로 하고 분해과정이 불완전하기 때문에 자연적으로 신진대사 과정에서 산성 독성물질이 계속 축적되어 혈액이나 체액이 산성화되면서 암세포는 더욱 성장하게 되는 것이다. 체내의 혈액이나 체액이 산성화되면 정상세포는 살기가 힘든 환경이 만들어진다. 암성 악액질이 심해지면 간에서 불필요한 산성 독성물질을 해독하고 신장에서 여과시키는 역할이 한계에 도달하므로 장기의 기능도 떨어지게 된다. 따라서 암성 악액질을 제거하는 것이 암 치료의 출발이 되어야 한다.

암성 악액질을 제거하기 위해서는 인삼이나 기타 녹황색 채소 등의 약물로도 치료 효과를 높일 수 있지만 가장 좋은 것은 바로 암세포가 가장 싫어하는 산소를 공급해주는 것이다.

정상 세포가 산소 없이는 살 수 없는 것처럼 암세포는 이산화탄소가 없이는 살아갈 수가 없다. 암환자에게 유산소 운동이나 좋은 공기를 많이 마시라고 하는 것은 이 때문이며 산소치료법은 암 치료에 큰 도움이 된다. 최근 말기암 환자들이 산속생활을 하면서 호전되었다는 내용과 일치하는 것이다.

⑨ 피로회복

몸은 격렬한 활동 시에 통상 산소 호흡량의 5~10배 이상 요구한다. 특히 운동 시에는 평상시보다도 많은 에너지를 필요로 하기 때문에 그에 상응하는 산소량을 필요로 하게 되는 것이다. 운동 시에 숨이 차오르는 것도 산소를 많이 필요로 하기 때문이다.

많은 활동을 하게 되면 글리코겐$(C_6H_{10}O_5)_n$ → 젖산[$CH_3CH(OH)COOH$] 이 되고 젖산이 증가하면 우리 몸은 피로를 느끼게 된다.

하지만 어느 시점부터는 격렬한 운동 중이라 하더라도 산소용량은 더 이상 증가되지 않는다. 이 시점을 최대 산소섭취능력이라고 한다. 즉 최대 산소섭취능력을 키우는 것이 곧 유산소 에너지를 증가시키는 것이다. 그래서 산소가 충분하게 공급되어질 때 더 많은 에너지가 만들어지고 체력이 강해진다. 일부 운동선수들은 휴대용 산소발생기를 사용하기도 한다. 단시간에 피로회복에 도움이 되기 때문이다.

⑩ 건강한 피부 유지

피부가 호흡한다는 사실은 대부분 인지하고 있다. 호흡의 99%는 코나 입을 통해 폐로 하지만 피부에서도 땀구멍을 통해 호흡 작용을 하며 피부조직 내에서 당류를 연소하여 이산화탄소와 물로 분해시키는 반응이 일어난다. 피부 호흡은 폐호흡의 1% 정도로 적은 양이지만 피부 호흡을 차단하면 40분 이내에 사망할 만큼 중요하며 신체의 절반 이상 화상을 입었을 때 생명에 위협을 받는 것도 호흡작용과 더불어 체온조절작용이 없어지게 되기 때문이다. 피부는 수분이나 기름과 같은 노폐물을 신체 밖으로 지속적으로 배출시키고 피부 호흡의 형태로 탄산가스를 끊임없이 배출하고 있다. 최근 많이 이용하는 반신욕도 비슷한 일종이다. 신선한 산소를 공급하는 것은 우리 몸 구석구석의 세포에 대사 활동을 활발하게 하여 체내의 일산화탄소, 이산화탄소, 기타 불순물의 배설을 촉진하고 모든 기능을 조절하는 역할을 하는 것이다. 이 때문에 충분한 산소의 공급은 자연스럽게 피부의 혈액 순환을 원활하게 하여 건강하고 탄력 있는 피부가 만들어지게 된다.

충분한 산소의 공급은 셀룰라이트를 분해하는데 효과적이다. 헤모글로빈의 활동을 도우면서 셀룰라이트를 분해한다. 밤 동안 수면 중에도 충분한 실내 산소 농도를 유지하는 것은 중요하다. 미녀는 잠꾸러기라는 말도 충분한 산소조건에서의 숙면을 의미하기 때문이다.

⑪ 스트레스와 불면증 해소

불면증과 스트레스는 밀접한 관련이 있고 스트레스는 불면증을 초래한다. 예부터 스트레스를 받거나 불면증이 있으면 샤워를 하거나 뒷동산에 올라가 심호흡을 하라는 의학자들의 이야기가 있는 것처럼 이것은 산소와 관련이 있음을 의미한다.

⑫ 치매의 예방

산소는 노인성 치매의 예방에 매우 효과적이라는 주장이 있다. 현대사회에서 저산소혈증을 쉽게 접할 수 있는데 놀랄만한 사실은 그것이 노인성 치매라는 것이다. 여기에는 2종류의 노인성 치매가 있는데 그 중 하나는 대뇌혈관 치매이며, 다른 하나는 노인성 정신이상이다. 확인된 노인성 정신이상 환자 또는 1기 퇴행성 치매환자의 보고 기록에 의하면 혈류량은 상당히 감소되었으며 동시에 혈액 중의 산소량은 동년배의 건강한 사람과 비교했을 때 훨씬 적었다. 산소의 충분한 공급은 혈액순환을 원활하게 하고 뇌에 충분한 산소 공급으로 치매를 줄일 수 있는 보고는 이미 수차례 나와 있다.

⑬ 태아의 지능발달

태아의 뇌는 임신 4개월~6개월 사이에 주로 발달하는데 특히 이 시기에 사고(지성의 뇌), 감정(정서의 뇌), 운동중추가 있는 대뇌피질 부분이 매우 빠른 속도로 성장한다. 태아는 태반을 통해 엄마로부터 영양분과 산소를 공급받는데 우리 신체 중에서 산소공급에 가장 민감한 부분이 바로 뇌다. 뇌가 활발하게 발육되는 이 시기에 산소와 영양분을 풍부하게 공급받게 되면 머리 좋은 아이가 태어날 가능성이 높다. 그러나 스트레스 등과 같은 여러 가지 상황에서 산소와 영양분 공급이 원활하지 못하게 되면 뇌 발달에 악영향을 주어 저능아, 지체지진아, 기형아 등이 태어날 수 있다. 따라서 자궁 내 환경이 태아의 지능지수에 상당한 영향을 미치며 임산부가 맑은 숲을 걷거나 독서를 하면서 스트레스를 받지 않으면 지능지수가 뛰어난 아이가 태어날 확률이 높다.

CHAPTER 07

활성산소

(1) 활성산소의 생성 과정

① 탄수화물과 지방대사에 의해 ATP(Adenosin Tri Phosphate, 아데노신 3인산) 생산 ATP → Adenosine (Adenin + 5탄당) → 에너지 방출이 이루어지며 이런 과정 중 활성산소라는 유해산소가 배출된다. 활성산소는 산소에 전자가 1개 빠진 Free radical 상태를 의미하며 반응성이 아주 강하고 수명이 아주 짧다. 정상적인 산소가 우리 몸에 100초 이상 머무르는 반면 유해산소는 금방(수억/초) 생겼다가 사라진다. 정상적인 호흡 시에 25개의 분자가 환원할 때마다 1개의 유해산소가 발생된다고 보고되고 있다.

② 식품첨가물이 체내에 유입되면 이물질로 감지하여 격퇴를 위해 활성산소가 생성된다.

③ 스트레스를 받으면 호르몬이 분비되며 이는 분비와 분해 중 발생된다.

④ 전자파가 물분자를 분해시켜 활성산소를 만든다.

⑤ 흡연

(2) 활성산소의 좋은 점

병원균이나 유해물질이 몸에 유입되면 공격하여 없애는 역할을 하며 오래된 노폐물을 공격하여 처리하기도 한다. 그래서 소량은 필요한 부분이지만 현대인은 여러 식습관, 스트레스, 흡연, 패스트푸드 등으로 인해 과다하게 생성되고 있다.

(3) 활성산소가 일으키는 질병

과다해진 활성산소는 정상적인 세포를 공격하여 유전자 변형을 일으킨다. 이런 이유로 암을 유발하고 혈관조직에 상처를 입혀 심장병, 뇌졸중, 뇌혈관 장애를 일으키고 세포의 공격은 피부의 빠른 산화현상으로 노화와 주름살을 유발한다. 췌장의 베타세포를 공격하여 인슐린 분비 저하를 일으키기도 한다.

(4) 활성산소의 효과적인 예방책

① 유산소 운동을 통해 최대 산소량을 증가시킨다.

② SOD(Super oxide Dismutase)효소를 갖은 항산화물질(토코페롤, 비타민C, 녹황색 야채)의 복용으로 제거

③ 스트레스의 해소

CHAPTER 08

실내오염물질의 운동

(1) 가스상 물질

1) 확산계수식

가스상 물질의 크기는 Å의 크기로 물질의 이동은 확산에 기인한다. 온도가 높으면 확산속도는 빨라지고 동일 조건에서는 분자량이 클수록 확산속도가 느리며 분자량의 제곱근에 반비례 한다. 다음 식은 확산계수를 예측하는 식으로 현재 알려진 식 중 가장 근접한 것으로 생각된다. 다만 농도 역시 영향을 줄 것으로 판단되지만 본 식은 농도의 영향은 고려되지 않았다.

다음은 a물질과 b물질 사이의 확산계수를 예측하는 식이다.

$$D=\frac{10^{-3}\times t^{1.75}\times\{(Ma+Mb)/Ma\times Mb\}^{0.5}}{P\{(\Sigma V)a^{0.33}+(\Sigma V)b^{0.33}\}^2}=\mathrm{cm^2/sec}$$

D : $\mathrm{cm^2/sec}$
t : 절대온도
Ma, Mb : a물질과 b물질 사이의 확산에서 분자량(g/mole)
P : 전압(대기 중에서 1atm)
V : automic & structural diffusion volume increments(아래 표)

[표 8-1] **원자 확산 부피**

automic & structural diffusion volume increments				diffusion volume of simple molecules			
C	16.5	F	14.7	He	2.67	CO	18.0
H	1.98	Cl	19.5	Ne	5.98	CO_2	26.9
O	5.48	Br	21.9	Ar	16.2	N_2O	35.9
N	5.69	I	29.8	Kr	24.5	NH_3	20.7

		S	17	Xe	32.7	H_2O	13.1
aromatic ring	20.2			H_2	6.12	SF_6	71.3
				D_2	6.84	Cl_2	38.4
heter cyclic ring	20.2			N_2	18.5	Br_2	69.0
				O_2	16.3	SO_2	41.8
				air	20.1		

- NH_3의 STP상태에서 공기 내에 확산 계수는 0.2 cm^2/sec이다.
- 약식 계산법 : NH_3의 STP상태에서 공기 내에 확산 계수 0.2 cm^2/sec를 알고 있으므로 HCl의 확산 계수는 아래와 같이 예측이 가능하지만 약간의 오차가 있을 수 있다.

$$0.2\ cm^2/sec \times \left(\frac{17}{36.5}\right)^{0.5} = 0.136\ cm^2/sec$$

문제 0℃ 1기압의 조건에서 공기 중에 H_2S의 확산 계수는 얼마로 예상되는가?

풀이 1

$$D = \frac{10^{-3} \times t^{1.75} \times \{(Ma + Mb)/Ma \times Mb\}^{0.5}}{P\{(\Sigma V)a^{0.33} + (\Sigma V)b^{0.33}\}^2}$$

$$= \frac{10^{-3} \times 273^{1.75} \times \{(29+34)/29 \times 34\}^{0.5}}{1\{6.12^{0.33} + 17^{0.33} + 20.3^{0.33}\}^2}$$

$$= 0.1 cm^2/sec$$

풀이 2

$$0.2cm^2/sec \times \left(\frac{17}{34}\right)^{0.5} = 0.14cm^2/sec$$

약 30%의 오차가 있음

2) 평균 자유행로

기체분자의 충돌에 의해 이동하는 거리로 압력이 낮아지면 길어지고 압력이 올라가면 행로 거리는 줄어들고 온도가 상승하면 감소한다. 자유행로는 단순한 가스분자의 이동 의미와 다르게 입자 동역학에서 커닝험 보정계수에 영향을 미친다.

$$\lambda = 1 \div (\sqrt{2} \times \Phi \times n \times d^2)$$

λ : 기체분자의 자유행로 (0.066μm, STP 상태)
n : 기체분자의 농도(2.5×10^{19}개/cm^3, STP 상태)
d : 기체분자의 직경(공기 3.7×10^{-8}cm, 3.7Å)

(2) 입자상 물질

1) 진비중과 겉보기 비중

고체상 먼지입자의 비중은 진비중과 겉보기 비중으로 분류되며 그 차이는 기공율에 의존되며 환경 보건 분야에서는 오염물질로의 입자는 겉보기 비중을 적용한다. 겉보기 비중의 의미는 원래의 물질이 생산과정 및 기타 공정을 지나면서 기공에 의해 작아진 비중을 의미한다.

기공율(%) = (1− 겉보기 비중/진비중) × 100%
겉보기 비중 = 진비중 × (1−기공율)

문제 Fe의 진비중은 7.850이다. 기공율이 90%라면 겉보기 비중은 얼마인가?

풀이 겉보기 비중 = 진비중×(1−기공율)
= 7.85 × 0.1 = 0.785

2) 입자의 비표면적

입자의 표면적과 계면에너지는 비례하고 계면에너지와 파동은 비례한다.

$$Sp(\text{비표면적}) = \frac{\pi \times dp^2}{\frac{\pi dp^3}{6}} = \frac{6}{dp}$$

Sp(비표면적) = Surface area(m^2)

dp : 입경(Particle Diameter m)

3) 침강속도

입자(고체, 액체)는 중력에 의해 침강하게 되며 침강속도는 중력과 항력으로부터 예상된다. 침강속도를 이용하여 실내 입자상 물질의 체류시간 예측이 가능하다.

$$F = 3\,\pi\,\mu\,d\,Ug$$

F : 항력(kg.m/sec^2=N)
μ : 유체의 점성계수(kg/m.sec), 입자상 물질을 함유하고 있는 유체
d : 입경(m)
Ug : 침강속도(m/sec)

$$Fg = m \times g = (\pi/6)d^3 \times (\rho p - \rho) \times g$$

m : 입자의 질량
Fg : 중력(kg.m/sec^2=N)
ρp : 입자의 밀도로 액체인 경우는 액체의 밀도, 고체상 물질의 경우는 고체의 겉보기 밀도 사용(kg/m^3)
ρ : 유체의 밀도로 유체는 기체일 수도 있고 물에서는 액체일 수 있다.(kg/m^3)
g : 중력가속도(m/sec^2)

Ug(침강속도)는 항력과 중력에 의해 결정되므로 동일한 것으로 간주하고 유도된다.

$$3\,\pi\,\mu\,d\,Ug = (\pi/6)d^3 \times (\rho p - \rho) \times g$$

$$Ug = [(\pi/6)d^3 \times (\rho p - \rho) \times g] \div [3 \times \pi \times \mu \times d] = \frac{d^2 \times (\rho p - \rho) \times g}{(18\mu)}$$

문제 실내 거주공간에 2μm 의 입자가 1.5m 위치에 있으며 침강속도가 0.01m/sec라면 입자가 머무르는 시간은 얼마인가?

풀이 t = H/V = 1.5m÷0.01m/sec = 150sec

* 입자는 실내공간에 150초 후 지면에 닿게 된다.

4) 입자의 동역학적 형상 계수(Aerodynamic Shape Factor)

구형이 아닌 입자의 침강속도 예측 시 보정값으로 입자의 형상에 항력이 미치는 계수이며 구형에 비해 비구형이 항력이 크게 작용하므로 항상 1 이상이고 침강속도는 작아지게 된다. 그러나 모든 입자는 구형으로 간주하고 침강속도를 예측한다.

① 구형입자의 항력(층류영역)

$$F = 3\pi \mu d Ug$$

F : 항력(kg.m/sec^2=N)
μ : 유체의 점성계수(kg/m.sec), 입자상 물질을 함유하고 있는 유체
d : 입경(m)
Ug : 침강속도(m/sec)

② 구형입자의 항력(난류영역)

$$F = Cp \rho g Ap Ug^2 / 2$$

F : 항력(N)
Cp : 항력계수
pg : 유체밀도(kg/m^3)
Ap : 입자의 투영면적(m^2)
Ug : 침강속도(m/sec)

③ 비구형 입자의 항력

$$Fd = 3\,\pi\,\mu\,d\;Ug\;x$$

Fd : 항력(kg.m/sec^2 = N)
μ : 유체의 점성계수(kg/m.sec), 입자상 물질을 함유하고 있는 유체
d : 입경(m)
Ug : 침강속도(m/sec)
x : 동력학적 형상 계수(1≤)

5) Stocks 직경과 공기역학적 직경과의 관계

① 공기역학적 직경은 침강속도에 의해 예측되는 방법이다.

② Stocks 직경과의 차이는 입자의 밀도의 차이이며 Stocks 직경은 입경의 크기(입자의 형상)가 입자의 밀도에 영향을 미치는 것으로 계산 시 입자의 밀도를 고려해야 한다.

③ 공기역학적 직경은 구형이 아니어도 밀도는 1g/cm^{3}로 동일하게 간주하는 것이다.

④ Stocks 직경은 동역학적 형상계수를 감안해야 한다.

6) 입경분석

① 물리적 입경

현미경을 이용하여 예측하는 방법으로 마틴 직경법, 페렛 직경법, 등면적 직경법으로 분리한다.

㉠ 마틴 직경법(Martin Diameter)

입자의 면적을 2등분하는 선분의 길이를 직경으로 한다.

㉡ 페렛 직경법(Feret Diameter)

입자의 가장 긴 선을 입경으로 한 것으로 일반적으로 사업장에서 설계 시에 쉽게 반영하는 방법이며 SEM으로 측정한 후 길이를 예측하는 방법으로 많

이 활용한다.

㉢ 등면적 직경법(Projected Area Diameter)

입자의 단면적을 원으로 환산하여 직경을 예측하는 방법으로 가장 정확한 직경 산출법이지만 예측이 비교적 복잡하여 적용이 쉽지 않다.

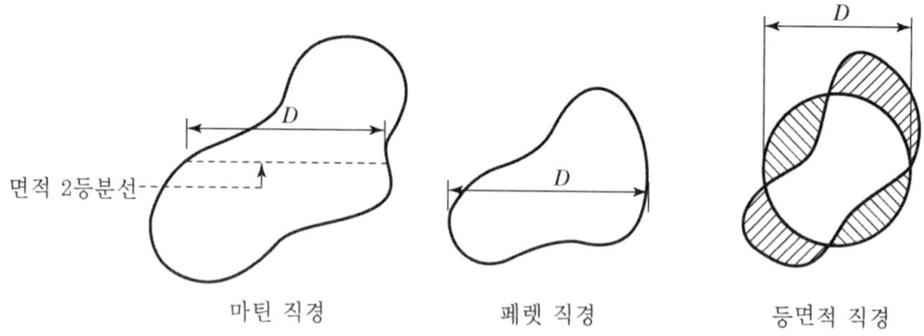

[그림 8-1] **물리적 입경**

㉣ 역학적 입경법

모든 입자는 구형입자로 가정하여 역학적 형상계수로 보정한 입경으로 등가상당직경이라고도 하며 Stocks 직경과 공기역학적 직경으로 분리한다. 역학적 직경은 침강속도에 의해 분리하는 것으로 침강속도는 입자의 크기와 입경에 따라 달라지며 Stocks 직경은 입자의 밀도를 각각 적용하는 방법이고 공기 역학적 직경은 모든 입자의 비중을 1로 간주하고 계산하는 방법이다.

② 입경의 측정

집진장치 선정에서 입경을 아는 것은 무엇보다 중요한 만큼 집진장치에서 입경을 측정하는 것은 중요한 부분이다. 입경을 측정하는 방법에는 직접 측정법과 간접 측정법이 있다.

㉠ 직접 측정법

• 표준체 측정법

체(sieve)를 이용하여 약 40 μm 이상의 입경을 측정범위로 하며 중량분포로 나타내는 방법으로 단계별 측정이 안 되고 40 μm를 기준점으로 하기 때문에 제한적이다.

• 현미경 측정법

광학현미경, 전자현미경 등을 이용하여 약 0.001~100 μm 범위의 입경을 측정범위로 한다. 직접 측정방법으로 개수분포로 나타내며 다양한 크기를 세분화할 수 있으므로 실질적으로 많이 활용하고 편리하게 적용이 가능한 분석법이다.

㉡ 간접 측정법

• 관성 충돌법(Cascade Impactor)

입자가 관성력에 의해 시료채취 표면에 충돌하는 원리로 1~50 μm 범위의 입경을 측정범위로 하며 입자상 물질의 크기별로 측정하는 기구이며 입자가 관성력에 의해 시료채취 표면에 충돌하여 채취하는 원리이다. 크기 및 단계별로 중량분포로 나타낸다.

시료채취가 까다롭고 채취 준비시간이 과다하게 소요된다.

측정된 입경은 Stockes 직경을 의미하며, 입자의 밀도는 보정하면 공기역학적 직경으로 나타낼 수 있다. 단수는 임의로 설계 · 제작할 수 있으나 보통 9단이 많이 사용된다.

• 광산란법

입자에 빛을 쏘이면 반사하여 발광하게 되는데 이 반사광을 측정하여 입자의 개수 · 입자 반경을 측정한다. 0.2~100μm 범위의 입경을 측정범위로 하며 빛의 종류에 따라 레이저식 · 할로겐식으로 구분되며 중량분포(중량)로 나타낸다.

- 중력 침강법

  입자의 침강속도를 측정하여 간접적으로 측정하는 방법으로 1~100μm 범위의 입경을 측정범위로 하며 공기역학적 직경과 동일하다.

- 액상 침강법

  입자가 액체 중에서 침강하는 시간을 측정하여 입경과 분포상태를 알아보는 측정방법으로 폐수처리에서 침전조의 적용을 위해 많이 활용되는 방법이며 일반적으로 Jar test 후 결과물로 실시한다.

CHAPTER 09

오염물질의 표시(단위)

일반적으로 입자상 농도를 표기할 때 사용하는 방법으로 mg/m^3, μg/m^{3}으로 표기한다.

- 1mg/m^3 = ,1,000μg = 1,000,000ng = 10,000,000Å
- ppm : 1/백만, 영문표기로 part per million
- pphm : 1/억, 영문표기로 part per hundred million
- ppb : 1/10억, 영문표기로 part per billion
- ppt : 1/1조, 영문표기로 part per trillion
- f/cc : fiber/cc로 석면 농도의 측정 시 섬유 가닥의 개수로 표기
- CFU/m^3 : 공기 중에 부유하고 있는 세균 농도 표시로 Colony Forming Units
- pCi/ℓ : p : pico(1/1조), Ci : Curie(퀴리 부인의 퀴리 의미)

공기부피당 방사능의 양

- 1Ci : 라돈 1g이 1초 동안 방출하는 방사능의 양 $(3.7\times10)^{10}$개의 원자 붕괴량
  1Ci= 3.7×10^{10}Bq$(3.7\times10)^{10}$
- 1Bq : 1초에 방사선 1개가 핵을 1번 튕겨나가는 능력
  1Bq = 2.7×10^{-11}Ci

- 다이옥신 표기법
  pg−TEQ/m^3 : pico gram
  ng−TEQ/m^3 : nano gram
  TEQ : (Toxicity Equivalancy Quantity : 독성등량)

의미는 I−TEF(I−Toxicity Equivalancy Factor : 국제 독성 등가 환산계수)로 환산

한 농도를 의미하며 다이옥신의 단위로서는 다이옥신의 이성질체 PCDDs 75개, PCDFs 135개로서 전체 독성 중 가장 독성이 높은 2,3,7,8－Tetra chloro di benzene dioxine의 독성으로 환산한 등가농도

- 악취의 희석배수 : 100배수의 예는 crude gas 1과 순수 공기 100을 희석하여 냄새가 사라진 때의 배수

문제 crude gas 100ml를 순수 공기 10L로 희석하여 냄새가 사라졌다 희석배율은 얼마인가?

풀이 100 ml = 0.1L
10L ÷ 0.1L = 100배수

부록

SECTION 01 | 기초 표기법

(1) 그리스문자

문자		읽는 방법	문자		읽는 방법
A	α	alpha	N	ν	nu
B	β	beta	Ξ	ξ	xi
Γ	γ	gamma	O	o	omicron
Δ	δ	delta	Π	π	pi
E	ε	epsilon	P	ρ	rho
Z	ζ	zeta	Σ	σ	sigma
H	η	eta	T	τ	tau
Θ	θ	theta	Υ	υ	upsion
I	ι	iota	Φ	φ	phi
K	κ	kappa	X	χ	chi
Λ	λ	lambda	Ψ	ψ	psi
M	μ	mu	Ω	ω	omega

(2) 수에 관한 중요한 접두어

수	접두어	수	접두어
1	mono–, uri–	6	hexa–, sexi
2	di–,bi–, bis–*	7	hapta–, septi
3	tri–, ter–, tris–*	8	octa–, octi–
4	tetra–, quater	9	rnnra–, nona–, novi–
5	penta–, quinque–	10	deca–, deci–

*표는 복잡한 기명 등이 뒤에 올 때 사용함

(3) 단위환산표

1 dyne = 1 g · cm/sec^2 1 erg = 1 dyne · cm = 1 g · cm^2/sec^2 1 J = 1 × 107 erg 1 cal = 4.184 J 1 eV/ion = 23 kcal/moie 1 kcal/moie = 350cm^{-1} 1 C = 3 × 109 esu 1 watt = 1 A–volt 1 A = 1C/sec 1 Ω = 1 volt/A	1 atm = 760 torr = 760 mmHg = 14.71 b/in^2 = 1.013 × 106 dyne/cm^2 1 A = 1 × 10^{-10}m = 10mμ = 10nm 1 amu = 1.661 × 10^{-24} g 1 poise = 1 dyne · sec/cm^2 1 inch = 2.540 cm 1 lb = 453.59 g 1 U.S. quart = 0.94633 l 1 ml = 1 × 10^{-3} l = 1cm^3 = 1cc

(4) 물리상수

명칭	기호	상수
avogadro 수	N	6.02 × 10^{23} molecules/mole
boltzmann 상수	k	1.3806 × 10^{-16} erg/molecule
전자의 전하	e	1.602 × 10^{-19} C = 4.80 × 10^{-10} esu
faraday 상수	F	9.6487 × 10^4 C/mole
전자의 정지질량	m	9.1096 × 10^{-28} g
plank 상수	h	6.6262 × 10^{-27} erg · sec
기체상수	R	8.21 × 10^{-2} l · atm/mole · deg 8.3143 J/mole · deg
진공에서 빛의 속도	c	2.9979 × 10^{10} cm/sec
20℃에서 빛의 속도		13.5939 g/cm^3
해면에서 중력 가속도	g	9.80616 × 102 cm/sec^2

SECTION 02 | 화학원소 주기율표

번호	기호
원자량 한글이름	

1A	2A	3A	4A	5A	6A	7A	8	8	8	1B	2B	3B	4B	5B	6B	7B	8B
1 H 1.008 수소																	2 He 4.003 헬륨
3 Li 6.941 리튬	4 Be 9.012 베릴륨											5 B 10.81 붕소	6 C 12.01 탄소	7 N 14.01 질소	8 O 16.00 산소	9 F 19.00 플루오린	10 Ne 20.18 네온
11 Na 22.99 나트륨	12 Mg 24.31 마그네슘											13 Al 26.98 알루미늄	14 Si 28.09 규소	15 P 30.97 인	16 S 32.06 황	17 Cl 35.45 염소	18 Ar 39.95 아르곤
19 K 39.10 칼륨	20 Ca 40.08 칼슘	21 Sc 44.96 스칸듐	22 Ti 47.90 타이타늄	23 V 50.94 바나듐	24 Cr 52.00 크로뮴	25 Mn 54.94 망가니즈	26 Fe 55.85 철	27 Co 58.93 코발트	28 Ni 58.70 니켈	29 Cu 63.55 구리	30 Zn 65.38 아연	31 Ga 69.72 갈륨	32 Ge 72.59 저마늄	33 As 74.92 비소	34 Se 78.96 셀레늄	35 Br 79.90 브로민	36 Kr 83.80 크립톤
37 Rb 85.47 루비듐	38 Sr 87.62 스트론튬	39 Y 88.91 이트륨	40 Zr 91.22 지르코늄	41 Nb 92.91 나이오븀	42 Mo 95.94 몰리브데넘	43 Tc (98) 테크네튬	44 Ru 101.1 루테늄	45 Rh 102.9 로듐	46 Pd 106.4 팔라듐	47 Ag 107.9 은	48 Cd 112.4 카드뮴	49 In 114.8 인듐	50 Sn 118.7 주석	51 Sb 121.8 안티모니	52 Te 127.6 텔루륨	53 I 126.9 아이오딘	54 Xe 131.3 제논
55 Cs 132.9 세슘	56 Ba 137.3 바륨	57 La 138.9 란타넘	72 Hf 178.5 하프늄	73 Ta 180.9 탄탈럼	74 W 183.9 텅스텐	75 Re 186.2 레늄	76 Os 190.2 오스뮴	77 Ir 192.2 이리듐	78 Pt 195.1 백금	79 Au 197.0 금	80 Hg 200.6 수은	81 Ti 204.4 탈륨	82 Pb 207.2 납	83 Bi 209.0 비스무트	84 Po (209) 폴로늄	85 At (210) 아스타틴	86 Rn (222) 라돈
87 Fr (223) 프랑슘	88 Ra 226.0 라듐	89 Ac 227.0 악티늄															

A : 고체원소　A : 기체원소　A : 액체원소　A : 합성원소

란탄계열	58 Ce 140.1 세륨	59 Pr 140.9 프라세오디뮴	60 Nd 144.2 네오디뮴	61 PM (145) 프로메튬	62 Sm 150.4 사마륨	63 Eu 152.0 유로퓸	64 Gd 157.3 가돌리늄	65 Tb 158.9 터븀	66 Dy 162.5 디스프로슘	67 Ho 164.9 홀뮴	68 Er 167.3 어븀	69 Tm 168.9 툴륨	70 Yb 173.0 이터븀	71 Lu 175.0 루테튬
악티늄계열	90 Th 232.0 토륨	91 Pa 231.0 프로트악티늄	92 U 238.0 우라늄	93 Np (237.0) 넵투늄	94 Pu (244) 플루토늄	95 Am (243) 아메리슘	96 Cm (247) 퀴륨	97 Bk (247) 버클륨	98 Cf (251) 캘리포늄	99 Es (252) 아인슈타이늄	100 Fm (257) 페르뮴	101 Md (268) 멘델레븀	102 No (259) 노벨륨	103 Lw (260) 로렌슘

SECTION 03 | 확산 계수표

기상 확산계수(Solvent is air, 1 atm)			
Solute	temp	확산계수(cm^2/sec)	
Acetic acid(CH_3COOH)	0℃	0.1064	유기산의 대표적 물질 아세틸렌에 물을 가하여 아세톨데히드 만들어 공기 중 산화, 만듦
	25℃	0.1333	
Acetone(CH_3COCH_3)	0℃	0.109	용제로써 제공업에 많이 이용된다.
Ammonia	0℃	0.198	
	25℃	0.236	
n-Amyl alcohol($C_5H_{11}OH$)	0℃	0.0589	8종의 이성체가 있으며 용제와 향료의 원료로써 후젤류는 주로 이소와 활성알코올로부터 생성한다.
sec-Amyl alcohol	25℃	0.07	
	30℃	0.072	
Amyl butyrate($CH_3(CH_2)_2SCO_2C_5H_{11}$)	0℃	0.040	
Amyl formate	0℃	0.0543	
I-Amyl formate	0℃	0.058	
Amyl isobutyrate	0℃	0.0419	
Amyl propionate	0℃	0.046	
Aniline($C_6H_5NH_2$)	0℃	0.061	약 염기성, 제조법은 나트로벤젠의 철과 염산 등으로써 환원, 염료 등 기타의 중요한 합성 원료이다.
	25℃	0.072	
	25.9℃	0.074	
	30℃	0.075	
	59℃	0.090	
Anthracene	0℃	0.0421	안드라키논계 염료의 원료
Benzene(C_6H_6)	0℃	0.077	방향족의 기초화합물, 코올타르의 경유로부터 채취, 합성원료로써 중요함. 용제, 연료에 사용
	25℃	0.088(0.0962)	
Benzidine($NH_2-C_6H_6-C_6H_6-NH_2$)	0℃	0.0298	아조염료 짖접염료의 원료
Benzyl chloride(C_6H_5COCl))	0℃	0.066	
n-Butanol($CH_3CH_2)_3OH$	0℃	0.0703	용제, 방향원료

	25.9℃	0.087	
	59℃	0.104	
n-Butyl acetate	0℃	0.058	
I-Butyl acetate	0℃	0.0612	
n-Butyl alcohol	0℃	0.0703	
	30℃	0.088	
I-Butyl alcohol	0℃	0.0727	
	25℃	0.090	
Butyl amime	0℃	0.0821	
	25℃	0.101	
I-Butyl amine	0℃	0.0853	
I-Butyl butyrate	0℃	0.0468	
I-Butyl fomate	0℃	0.0705	
I-Butyl isobutyrate	0℃	0.0457	
I-Butyl proprionate	0℃	0.0529	
I-Butyl valerate	0℃	0.0424	
Butyric acid($C_4H_8O_2$)	0℃	0.067	
I-Butyric acid	0℃	0.0679	
	25℃	0.081	
Caproicacid($C_5H_{11}COOH$)	0℃	0.050	버터에 소량함유. 지방산
I-Caproic acid	0℃	0.0513	
Carbon dioxide(CO_2)	0℃	0.138(0.136)	물에 녹아 탄산이 되며 약산성
	3℃	0.142	
	25℃	0.164	
	44℃	0.177	
	727℃	1.32	
Carbon kisulfide(CS_2)	0℃	0.0892	
Carbon monoxide(CO)	25℃	0.107	유기 환원성
Chlorine(Cl_2)	0℃	0.124	표백, 살충제, 염료에 쓰임
Chlorobenzen($C_5H_{11}Cl$)	25℃	0.073	용제, 합성원료
	25.9℃	0.074	

	30℃	0.075	
	59℃	0.090	
Chloroform($CHCl_3$)	0℃	0.091	용제, 의학용
Chloropicrin(CCl_3NO_2)	25℃	0.088	약용
m–Chlorotoluene	0℃	0.054	
	25℃	0.065	
o–Chlorotoluene	0℃	0.059	
p–Chlorotoluene	0℃	0.051	
Cyanogen chloride	0℃	0.111	
Cyclohexane	45℃	0.086	
Di ethyl amine	0℃	0.0884	
	25℃	0.105	
Diphenyl	0℃	0.061	
Diphenyl	25℃	0.068	
	218℃	0.16	
Ethanol(C_2H_5OH)	0℃	0.102	감미, 용제
	25℃	0.132(0.135)	
	42℃	0.145	
Ether(diethyl)(R–O–R)	0℃	0.0778	
Ethyl acetate	0℃	0.0715	
	25.9℃	0.087	
	59℃	0.106	
Ethyl alcohol	0℃	0.102	
	25℃	0.119	
Ethyl benzene	0℃	0.0658	
	25℃	0.077	
Ethyl n–butyrate	0℃	0.0579	
Ethy l–butyrate	0℃	0.0591	
Ethylene	25℃	0.93	
Ethyl formate	0℃	0.0840	
Ethyl propionate	0℃	0.068	

Ethyl valerate	0℃	0.0512	
Eugenol	0℃	0.0377	
formic acid	0℃	0.1308	
	25℃	0.159	
n–Hextane	21℃	0.082	
Hexyl alcohol	0℃	0.0499	
	25℃	0.059	
Hydrogen	0℃	0.611	Hydrogen Flourime : 20℃ → 0.386
	25℃	0.410	
Hydrogen cyanide	0℃	0.173	
Hydrogen peroxide	60℃	0.188	
Iodine	0℃	0.07	
	25℃	0.0834	
Mercury	0℃	0.112	
	341℃	0.473	
Mesitylene	0℃	0.056	
Mesitylene	25℃	0.067	
Methyl aetate	0℃	0.084	
Methyl alcohol	0℃	0.132	
	25℃	0.159(0.162)	
Methyl butyrate	0℃	0.0633	
Methyl I–butyrate	0℃	0.0639	
Methyl formate	0℃	0.0872	
Methyl propionate	0℃	0.0735	
Methyl valerate	0℃	0.0569	
Naphthalenc	0℃	0.0513	
	25℃	0.0611	
n–Octane	0℃	0.505	
	25℃	0.060	
Oxigen	0℃	0.178	

	25℃	0.206
Phosgene	0℃	0.095
Propionic acid	0℃	0.0829
	25℃	0.099
Propyl acetate	0℃	0.067
n-propyl alcohol	0℃	0.085
i-propyl alcohol	0℃	0.0818
	25℃	0.1
	30℃	0.101
n-propyl benzen	0℃	0.0481
i-propyl benzen	0℃	0.0489
	25℃	0.059
n-propyl bromide	0℃	0.085
i-propyl bromide	0℃	0.0902
	25℃	0.105
propyl butyrate	0℃	0.0530
propyl formate	0℃	0.0712
n-ptopyl iodide	0℃	0.079
n-propyl iso butyrate	0℃	0.0549
	25℃	0.096
i-propyl iso butyrate	0℃	0.059
propyl propionate	0℃	0.057
propyl valerate	0℃	0.0466
Sofrol($CH_2HC=CH_2$)	0℃	0.0434
i-Safrol	0℃	0.0455
Sulfer dioxide(SO_2)	0℃	0.122
Toluene($C_6H_5CH_3$)	0℃	0.076
	25℃	0.084(0.0844)
	0℃	0.086
	0℃	0.088
	25℃	0.092

Tri methyl carbinol	0℃	0.087	
n-Valeric acid($(CH_3)CHCH_2CO_2H$)	0℃	0.050	
I-Valeric acid	0℃	0.544	
	25℃	0.67	
Water(H_2O)	0℃	0.220	
	25℃	0.256(0.26)	
	0℃	0.258	
	0℃	0.288	
	25℃	0.305	
	0℃	03.253	
Xylene($C_6H_4(CH_2)$)	0℃	0.071	

SECTION 04 수증기의 증기압표

단위 : mmHg

t℃	0.0	0.1	0.2	0.3	0.4	0.5	0.6	0.7	0.8	0.9
0	4.579	4.613	4.647	4.681	4.715	4.750	4.785	4.820	4.855	4.890
1	4.926	4.962	4.998	5.034	5.070	5.109	5.144	5.161	5.219	5.256
2	5.294	5.332	5.370	5.408	5.447	5.486	5.525	5.563	5.605	5.645
3	5.685	5.725	5.766	5.807	5.848	5.889	5.931	5.973	6.013	6.059
4	6.101	6.144	6.187	6.230	6.274	6.318	6.303	6.405	6.483	6.498
5	6.543	6.589	6.635	6.681	6.728	6.775	6.822	6.869	6.917	6.955
6	7.013	7.052	7.111	7.160	7.209	7.239	7.309	7.360	7.411	7.462
7	7.513	7.555	7.617	7.669	7.722	7.775	7.828	7.882	7.936	7.990
8	8.045	8.100	8.155	8.211	8.267	8.323	8.380	8.437	8.494	8.551
9	8.609	8.568	8.727	8.786	8.845	8.905	8.985	9.025	9.056	9.147
10	9.208	9.271	9.333	9.395	9.458	9.521	9.585	9.649	9.715	9.779
11	9.844	9.910	9.976	10.042	10.109	10.176	10.244	10.312	10.380	10.449
12	10.518	10.588	10.658	10.728	10.799	10.870	10.941	11.013	11.055	11.158
13	11.231	11.305	11.379	11.453	11.528	11.604	11.680	11.756	11.833	11.910
14	11.937	12.065	12.144	12.223	12.302	12.382	12.482	12.543	12.624	12.706
15	12.785	13.870	12.953	13.037	13.121	13.205	13.290	13.375	13.461	13.547
16	13.634	13.721	13.609	13.898	13.967	14.076	14.166	14.256	14.347	14.438
17	14.530	14.622	14.715	14.809	14.903	14.997	15.092	15.188	15.264	15.380
18	15.477	15.575	15.87	15.772	15.871	15.971	16.071	16.171	16.272	16.374
19	16.477	16.581	16.685	16.789	16.894	16.999	17.105	17.212	17.319	17.427
20	17.535	17.644	17.753	17.863	17.974	18.085	18.197	18.309	18.422	18.535
21	18.650	18.765	18.880	18.996	19.113	19.231	19.349	19.468	19.587	19.707
22	19.827	19.948	20.070	20.193	20.316	20.440	20.545	20.690	20.815	20.941
23	21.068	21.196	21.324	21.453	21.583	21.714	21.845	21.977	22.110	22.243
24	22.377	22.512	22.648	22.785	22.922	23.050	23.198	23.337	23.476	23.815
25	23.733	23.697	24.039	24.182	24.326	24.471	24.617	24.764	24.912	25.060

26	25.209	25.350	25.509	25.650	25.812	25.964	26.117	26.271	26.426	26.582
27	26.739	26.897	27.063	27.214	27.374	27.535	27.695	27.858	28.021	28.185
28	28.349	28.514	28.680	28.847	29.015	29.184	29.354	29.525	29.697	29.870
29	30.043	30.217	30.392	30.568	30.745	30.923	31.102	31.281	31.461	31.642
30	31.824	32.007	32.191	32.376	32.561	32.747	32.934	33.122	33.312	33.503
31	33.695	33.888	34.082	34.276	34.471	34.667	34.854	35.062	35.261	35.462
32	35.653	35.865	36.068	36.272	36.477	36.683	36.891	37.009	37.308	37.518
33	37.729	37.942	38.155	38.369	38.584	38.801	39.018	39.237	39.457	39.677
34	39.896	40.121	40.344	40.569	40.796	41.023	41.251	41.480	41.710	41.942
35	42.175	42.409	42.644	42.880	43.117	43.355	43.595	43.836	44.078	44.320
36	44.553	44.808	45.054	45.301	45.679	45.799	46.050	46.302	45.558	46.811
37	47.057	47.324	47.582	47.841	48.102	48.364	48.627	48.801	49.157	49.424
38	49.692	49.851	50.231	50.502	50.774	51.048	51.323	51.600	51.879	52.150
39	52.442	52.725	53.009	53.294	53.580	53.887	54.156	54.446	54.737	55.030
40	55.324	55.61	55.91	56.21	56.51	56.81	57.11	57.41	57.72	58.03
41	58.34	58.65	58.96	29.27	59.58	59.90	60.22	60.54	60.88	61.18
42	61.50	61.82	62.14	62.47	62.80	63.13	63.46	63.79	64.12	64.45
43	64.80	65.14	65.48	65.82	66.16	66.51	66.86	67.21	67.56	67.91
44	68.25	68.61	68.97	69.33	69.69	70.05	70.41	70.77	71.14	71.51
45	71.88	72.25	72.62	72.99	73.36	73.74	74.12	74.50	74.88	75.23
46	75.65	76.04	76.43	76.82	77.21	77.60	78.00	78.40	78.80	79.20
47	79.60	80.00	80.41	80.82	81.23	81.64	82.05	82.46	82.87	83.29
48	83.71	84.13	84.56	84.99	85.42	85.85	86.28	86.71	87.14	87.58
49	88.02	88.46	88.90	89.34	89.79	90.24	90.60	91.14	91.59	92.05
50	92.51	97.20	102.09	107.20	112.51	116.04	123.80	129.82	135.08	142.60
60	149.38	158.43	163.77	171.38	179.31	187.54	196.06	204.96	214.17	223.73
70	233.7	243.9	254.6	265.7	277.2	289.1	301.4	314.41	327.3	341.0
80	355.1	369.7	384.9	400.6	416.8	433.6	450.9	468.7	487.1	506.1
90	525.75	527.76	529.76	531.78	533.80	535.82	535.82	539.90	541.95	544.00
91	546.05	548.11	548.11	552.26	554.35	556.44	556.44	560.64	562.75	564.87
92	566.99	569.12	569.12	573.40	575.33	577.71	577.71	582.04	584.22	586.41

93	588.60	590.80	590.80	595.21	597.43	599.66	599.66	604.13	606.38	605.64
94	410.90	613.17	613.17	617.72	620.01	622.31	622.31	626.92	629.24	631.57
95	633.90	636.24	636.24	640.94	643.30	645.67	645.67	650.43	658.82	655.22
96	657.62	660.03	660.03	664.88	667.31	669.75	669.75	674.66	677.12	679.69
97	682.07	684.33	654.33	689.54	692.03	694.57	694.57	699.63	702.17	704.71
98	707.27	709.83	709.83	716.98	717.56	720.13	720.15	725.36	727.96	730.61
99	733.24	735.88	735.88	741.18	743.85	746.52	746.52	751.89	754.58	767.29
100	760.00	762.72	762.72	768.19	770.93	773.66	773.66	779.22	782.00	784.75
101	787.57	790.37	790.37	796.00	795.00	801.65	801.65	807.35	810.21	813.03

SECTION 05 | 공기의 성질

온도 T (℃)	밀도 r (kg/m^3)	비열 Cp (kcal/kg · ℃)	점성계수 μ (kg/m · sec)	동점성계수 (m^2/sec)
−100	1.984	0.241	1.21×10^{-5}	0.0598×10^{-4}
−50	1.533	0.240	1.49×10^{-5}	0.0953×10^{-4}
−20	1.348	0.240	1.65×10^{-5}	0.120×10^{-4}
0	1.251	0.240	1.46×10^{-5}	0.138×10^{-4}
20	1.166	0.240	1.86×10^{-5}	0.156×10^{-4}
40	1.091	0.241	1.95×10^{-5}	0.175×10^{-4}
60	1.023	0.241	2.05×10^{-5}	0.196×10^{-4}
80	0.968	0.241	2.14×10^{-5}	0.217×10^{-4}
100	0.916	0.242	2.23×10^{-5}	0.239×10^{-4}
120	0.869	0.242	2.32×10^{-5}	0.262×10^{-4}
140	0.827	0.243	2.40×10^{-5}	0.285×10^{-4}
160	0.789	0.243	2.48×10^{-5}	0.308×10^{-4}
180	0.754	0.244	2.56×10^{-5}	0.333×10^{-4}
200	0.722	0.245	2.64×10^{-5}	0.359×10^{-4}
250	0.652	0.247	2.83×10^{-5}	0.426×10^{-4}
300	0.596	0.250	3.01×10^{-5}	0.495×10^{-4}
350	0.548	0.253	3.18×10^{-5}	0.569×10^{-4}
400	0.508	0.255	3.34×10^{-5}	0.645×10^{-4}
500	0.442	0.261	3.65×10^{-5}	0.810×10^{-4}
600	0.391	0.267	3.94×10^{-5}	0.988×10^{-4}
800	0.319	0.276	4.47×10^{-5}	1.37×10^{-4}
1,000	0.265	0.285	4.94×10^{-5}	1.83×10^{-4}
1,200	0.232	0.293	5.38×10^{-5}	2.27×10^{-4}
1,400	0.204	0.302	5.79×10^{-5}	2.78×10^{-4}
1,600	0.183	0.312	6.17×10^{-5}	3.31×10^{-4}

SECTION 06 | 물질별 특성

■ State const. for inorganic matter

Formula	M.W.	Density ※	Melt.p [℃]	Boil.p. [℃]	Critical temp [℃]	Critical press. [arm]	Critical dens. [g/cm^3]
Air	28.97	1.2928	–	−194	−140	37.2	−0.35
Br_2	159.83	(3.119)^{20}	−7.2	58.78	311	102	0.848
C_2N_2	52.02	2.3348	−34.4	−20.5	128	59.0	
CO	28.01	1.2501	−207	−192	−139.0	35.0	0.311
CO_2	44.01	1.9768	−56.6(5.2atm)	−78.5(sublimation)	31.1	73.0	0.460
$COCl_2$	98.92	(1.434)^{0}	−104	8.3	182.0	56.0	0.2
CS_2	76.13	(1.2927)^{0}	−108.6	46.3	273.0	76.0	0.441
Cl_2	70.19	3.2204	−101.6	−34.6	144.0	76.1	0.573
F_2	38.00	1.6354	−223	−187	−155.0	25.0	1.7445
H_2	2.016	0.0898	−259.1	−252.7	−239.9	12.8	0.0310
HBr	80.92	6.6445	−88.5	−67.0	90.0	84.0	
HCN	27.03	(0.6876)^{20}	−14	26	183.5	53.2	0.20
HCl	36.47	1.6394	−111	−85	51.4	81.6	0.42
HF	20.01	(0.987)	−83	19.4	187.8	64.0	3.458
HI	127.93	5.7245	−50.8	−35.4	150.9	82.0	
H_2O	18.02	(0.99708)^{25}	0.0	100.0	374.2	218.4	0.323
H_2O_2	34.02	(1.438)^{20}	−0.89	151.4			
H_2S	34.08	1.5392	−82.9	−59.6	100.4	88.9	2.86
Hg	200.61	(13.546)^{20}	−38.87	356.9	〈1,550	〉200	4~5
I_2	253.84	(4.93)^{20}	113.5	184.35	553.0		0.61
N_2	28.02	1.2507	−209.86	−195.8	−147.1	33.5	0.3110
NH_3	17.03	0.7708	−77.7	−33.4	132.4	111.5	0.235
NO	30.01	1.3401	−161	−151	−94.0	65.0	0.52
N_2O	44.02	1.9781	−102.3	−90.7	36.5	71.7	0.45
N_2O_4	92.02	(1.448)^{10}	−9.3	21.3	158.0	100	1.785
O_2	32.00	1.4289	−218.4	−183	−118.8	49.7	0.430
O_3	48.00	2.1415	−192.5	−111.9	−12.1	54.6	0.326
SO_2	64.06	2.9268	−77.5	−10.0	157.2	77.7	0.52
SO_3	80.06	(1.97)^{20}	16.83	44.6	218.3	83.6	0.630
$SiCl_4$	169.89	(1.50)^{206}	−70	57.6	233		
SiF_4	104.06		−95.7		−1.5	500	3.13

※( ) : Specific gravity of liquid, others : for gas at 0℃, 1atm[kg/m^3]

■ State const. for organic matter

	Formula	M.W.	Density ※	Melt.p [℃]	Boil.p. [℃]	Critical temp [℃]	Critical press. [arm]	Critical dens. [g/cm³]
Methane	CH_2	16.4	0.7167	−182.5	−161.5	−82.1	45.80	0.162
Ethane	C_2H_6	30.07	1.3567	−183.5	−88.6	+32.4	48.30	0.203
Ethylene	$CH_2{=}CH_2$	28.05	1.2644	−169	−103.9	9.7	50.5	0.22
Tetra–chloro–methane	CCl_4	153.84	(1.595)	−22.6	76.8	283.1	45.0	0.558
Chloroform	$CHCl_3$	119.39	(1.489)	−63.5	61.2	263.0	54	0.516
Methyl bromide	CH_3Br	94.95	(1.732)	−93	5	194.0	51.6	
Methyl alcohol	CH_3OH	32.04	(0.7915)	−97.4	64.6	240.0	78.7	0.272
Ethyl alcohol	C_2H_5OH	46.07	(0.7895)	−114.3	78.4	243.1	63.1	0.2755
Ethylene oxide	CH_2 CH_2	44.05	(0.887)	−111.3	12.5	192.0	71	0.32
Formaldehyde	HCHO	30.03	(0.815)	−92	21	135	65.9	
Acetaldehyde	CH_3CHO	44.05	(0.7794)	−123.5	20.2	188.0	71.9	
Acetone	CH_3COCH_3	58.08	(0.7907)	−94.6	56.2	235.0	47.0	0.268
Ethyl methyl ketone	CH_3COC_2H	72.10	(0.8049)	−86.4	79.6	260	39.5	0.27
Acetic acid	CH_3CO_2H	60.05	(1.0494)	16.6	118.2	321.6	57.2	0.351
Methyl mercaptan	CH_3SH	48.10	(0.896)	−121	6	196.8	71.4	0.323
Ethyl mercaptan	C_2H_5SH	62.13	(0.839)	−121	36	225.5	54.2	0.301
Methyl sulfide	$(CH_3)_2S$	62.13	(0.846)	−83.2	37.3	229.9	54.6	0.306
Ethyl sulfide	$(C_2H_5)_2S$	90.18	(0.837)	−99.5	93	283.8	39.1	0.279
Benzene	C_6H	78.11	(0.879)	5.5	80.1	288.5	47.7	0.304
Toluene	$C_6H_5CH_3$	92.13	(0.866)	−95	110.8	320.6	41.6	0.292
o–Xylene	$C_6H_4(CH_3)_2$	106.16	(0.881)	−25	144	358.4	36.9	0.288
m–Xylene	〃	〃	(0.867)	−47.4	139.3	346	36	
p–Xylene	〃	〃	(0.861)	13.2	138.5	345	35	
Ethyl benzen	$C_6H_5C_5H_5$	106.16	(0.867)	−94.4	136.2	346.4	38	
phenol	C_6H_5OH	94.11	(1.071)	42	181.4	419.0	60.5	
o–Cresol	$CH_3C_6H_4OH$	108.13	(1.048)	30.8	190.8	422.0	49.4	
m–Cresol	〃	〃	(1.048)	10.9	202.8	432.0	45.0	0.35
p–Cresol	〃	〃	(1.035)	35	202	426.0	50.8	

※( ) : Specific gravity of liquid, others : for gas at 0℃, 1atm[kg/m³]

SECTION 07 각종 물질의 열적 성질

① 금속의 열적 성질

물질	온도 [℃]	비중량 γ [kg/m³]	비열 c [kcal/kg · ℃]	열전도율 λ [kcal/m · h · ℃]	온도전도율 α [m²/h]
알루미늄(순)	20	2,740	0.214	196	0.340
듀랄루민 94~96 Al, 3~5 Cu, 0.5 Mg	〃	2,790	0.221	141	0.240
히드로나륨 91~95 Al, 5~9 Mg	〃	2,610	0.216	97	0.173
실루민 87 Al, 13 Si	〃	2,660	0.208	141	0.258
실루민 86.5 Al, 12.5 Si, 1 Cu	〃	2,660	0.207	118	0.215
납	〃	11,370	0.031	30	0.086
철(순)	〃	7,900	0.108	42	0.073
연철(C<0.5%)	〃	7,850	0.11	51	0.059
주철(C 4%)	〃	7,270	0.10	45	0.062
강(C<1.5%)	〃				
탄소강 0.5 C	〃	7,830	0.111	46	0.053
탄소강 1.0 C	〃	7,800	0.113	37	0.042
탄소강 1.5 C	〃	7,750	0.116	31	0.035
니켈강 미량 Ni	〃	7,900	0.108	62	0.073
니켈강 10 Ni	〃	7,950	0.11	22	0.026
니켈강 20 Ni	〃	7,990	0.11	16	0.019
니켈강 50 Ni	〃	8,270	0.11	12	0.013
니켈강 80 Ni	〃	8,620	0.11	30	0.032
인바아 36 Ni	〃	8,140	0.11	9.2	0.010
크롬강 미량 Cr	〃	7,990	0.108	62	0.073
1 Cr	〃	7,870	0.11	52	0.060
2 Cr	〃	7,870	0.11	45	0.052
10 Cr	〃	7,790	0.11	27	0.031
크롬니켈 18 Cr, 8 Ni	〃	7,820	0.11	14	0.016
니켈크롬 80 Ni, 15 Cr	〃	8,520	0.11	15	0.016
시클로말 86 Cr, 1.5 Al, 0.5 Si	〃	7,720	0.117	18	0.022
망간강 1 Mn	〃	7,870	0.11	43	0.050
2 Mn	〃	7,870	0.11	33	0.035
10 Mn	〃	7,800	0.11	15	0.018
텅스텐강 2 W	〃	7,960	0.106	54	0.063
규소강 1 Si	〃	7,770	0.11	36	0.042
2 Si	〃	7,670	0.11	27	0.032
5 Si	〃	7,420	0.11	16	0.020

구리(순)	〃	8,960	0.0915	332	0.404
알루미늄청동 95 Cu, 5 Al	〃	8,670	0.098	71	0.084
청동 75 Cu, 25 Sn	〃	8,670	0.082	22	0.031
황동(빨강) 85 Cu, 9 Sn, 6 Zn	〃	8,710	0.092	52	0.065
七三황동 70 Cu, 30 Zn	〃	8,520	0.092	95	0.123
양은 62 Cu, 15 Ni, 22 Zn	〃	8,620	0.094	21	0.027
콘스탄탄 60 Cu, 40 Ni	〃	8,920	0.098	19	0.022
마그네슘(순)	〃	1,750	0.242	147	0.349
몰리브텐	〃	10,220	0.062	118	0.193
니켈 (99.9%)	〃	8,910	0.1005	77	0.082
니켈 (99.2%)	〃	9,910	0.106	60	0.063
니켈크롬 90 Ni, 10 Cr	〃	8,670	0.106	15	0.016
은(순)	〃	10,530	0.0559	360	0.613
은 (99.9%)	〃	10,530	0.0559	350	0.596
텅스턴	〃	19,350	0.0321	140	0.226
아연	〃	7,140	0.0918	96	0.148
주석	〃	7,310	0.0541	55	0.140
금	〃	19,290	0.0309	267	0.448
백금	0	21,450	0.0313	60	0.088
	1,020		0.0383	77	
백금이리듐 90 Pt, 10 Ir	0	21,615		26.6	
알루멜 95 Ni, 2 Al, 2 Mg, 1 Si	100	8,150		25.5	
크로멜 A 80 Ni, 20 Cr	100	8,300		11.9	

② 비금속고체의 열적 성질

물질	온도 [℃]	비중량 γ [kg/m³]	비열 c [kcal/kg · ℃]	열전도율 λ [kcal/m · h · ℃]	온도전도율 α [m²/h]
페놀수지	20	1,270	0.38	0.200	0.00041
고무	20	920~1,230	0.27~0.48	0.204	
종이(보통)	20			0.12	
종이(경질백색)	20	1,300		0.179	
거울용 유리	0	2,550	0.182	0.67	0.00143
온도계용 유리	20	2,590	0.186	0.83	0.00172
석영유리	0	2,210	0.174	1.16	0.00301
셀룰로이드	20	1,400		0.185	
석타	20	1,200~1,500	0.30	0.22	0.0005~0.0006
물때	100	300~2,700		0.07~2	
운모	20	1,900~2,300	0.21	0.7~1.2	0.0018~0.0025
콘크리트	20	2,600~3,200	0.20	0.4~0.5	
사모트벽돌	200	1,830	0.210	0.77	0.0020
63 SiO_2, 30 Al_2O_2, 기타	1,000		0.295	1.1	
규석벽돌	200	2,040	0.237	0.95	0.0020
97 SiO_2, 1.6 Al_2O_3, 기타	1,000			1.44	
마그네슘벽돌	200	2,350	0.253	0.33	0.00056
80 MgO, 9 Fe_2O_3, 기타	1,000	1,700~2,100	0.324	0.56	
빨간 벽돌(보통벽돌)	200		0.236	0.48~0.93	0.0012~0.0019
	1,000			0.70~1.20	
석면	20	470	0.19	0.134	
		700		0.202	0.0015
코르크	20	100	0.4~0.05	0.036	
		300		0.054	0.00090~0.00072
탄화코르크판(洋코르크 100%)		135		0.045	
탄화코르크판 {洋코르크 50%, (일본산) 50%}		168		0.048	
양면		240		0.046	
광재면		250		0.048	
양모펠트		100		0.042	
우모펠트		150		0.045	
미네럴펠트		142		0.048	
파이버		1,220		0.24	
셀로텍스		301		0.068	
인 슐라이트		190		0.059	
아스팔트		1,047		0.139	
아스팔트루핑		1,030		0.106	
무명(포)	30	330		0.080	
솜(푼 것)	〃	81		0.051	
비단(복지)	〃	300		0.036	
인조견	〃	170		0.042	

양모(편물)	〃	176		0.034	
양모(직물)	〃	380		0.043	
목재(열전도율은 섬유에 직각방향의 값, 섬유방향은 이 2배)					
오동나무	29	254	0.3 (건조)	0.075	0.00098
삼목	〃	341	〃 (〃)	0.091	0.00080
노송나무	〃	377	〃 (〃)	0.091	0.00080
소나무	〃	527	〃 (〃)	0.116	0.0074
톱밥	22			0.045	
케이폭	80	71		0.037	
풀				0.014	
화강암	20	2,600~2,900	0.18	2.5	0.0054
흰 대리석	20	2,700	0.21	2.5	0.0044
점토질 흙	20	1,450	0.21	1.10	0.0036
모래질 흙	20	1,800		0.92	
흙	20	2,040	0.44	0.45	0.00050
규조토(담황색)	80	439		0.084	
85% 탄산마그네슘	80	217		0.061	
포유리	200			0.055~0.085	
포오스렌	−80			0.03	
	100			0.065	
실리카에어로겔	−73			0.174	

③ 용융금속의 열적 성질

금속	비점 [℃]	융점 [℃]	온도 [℃]	비중량 [g/cm³]	점성계수 [centi poise]	비열 [kcal/kg · ℃]	열전도율 [kcal/m · h · ℃]	프란틀수 P_r	열중성자 흡수단면적 [barn]	추장할 수 있는 용기재료
비스무트	1,477	271	300	10.03	1.665	0.0343	14.78	0.01395	0.032	Mo, W, Ta, Be
			400	9.91	1.378	0.0354	13.33	0.01320		
			600	9.66	0.996	0.0376	13.33	0.01015		
납	1,737	327.4	400	10.51	–	0.037	13.69	–	–	MO, Ta, Cb, 베릴리, 석영
			500	10.39	1.83	0.037	13.33	0.0188	0.17	
			700	10.15	1.350	–	12.97			
Pb–Bi 공용 (중량비44.5% 납)	1,670	125	200	10.46	–	0.035	8.29	–	–	Ti–4% Cr 합금 : 고 Cr 강
			300	10.32	–	0.035	9.36	–	0.087	
			400	10.19	1.43	0.035	10.42			
리듐	1,317	179	200	0.507	0.5644	1.00	39.58	0.0513	67	Mo, Cb, Ta, 아암코철, 베릴리아
			600	0.474	–	1.00				
			1,000	0.441	–	1.00				
수은	357	–38.87	100	13.352	1.21	0.03279	8.05	0.01775	360	Cr, Si 및 Ti의 합금강
			200	13.115	1.01	0.03245	9.21	0.01281		
			300	12.881	0.93	0.03234	10.12	0.01059		
칼륨	760	63.7	200	0.795	0.290	0.1887	38.69	0.00509	2.0	스테인리스강 Ni 및 Ni 합금, Zr
			400	0.747	9.191	0.1826	34.37	0.00365		
			600	0.700	0.150	0.1825	30.5	0.00323		
나트륨	883	97.8	200	0.903	0.440	0.3166	70.09	0.00715	0.49	스테인리스강, Ni 및 합금
			400	0.854	0.269	0.3031	61.31	0.00479		
			600	0.805	0.202	0.2982	53.57	0.00405		
나트륨–칼륨 합금 (중량비 78% 칼륨)	784	–11	100	0.847	0.475	0.227	20.98	0.0185	1.27	스테인리스강, Ni 및 합금
			500	0.751	0.180	0.2095	23.36	0.0058		
			700	0.703	0.146	0.211				
나트륨–칼륨 합금 (중량비 44% 칼륨)	825	19	100	0.867	0.50	0.255	19.49	0.0235	0.96	스테인리스강, Ni 및 합금
			500	0.768	0.18	0.235	23.66	0.0064		
			700	0.727	0.15	0.236	23.36	0.0055		
주석	2,770	231.9	400	6.841	1.38	0.061	28.42	0.0107	0.6	Be, Ti, Cr 흑연
			600	6.709	1.05	0.065	27.38	0.0090		

④ 포화액체의 열적 성질

물질	온도 [℃]	비중량γ [kg/m^3]	정압비열cp [kcal/kg · ℃]	독점성계수 [cm^2/s]	열전도율 λ[kcal/ m · h · ℃]	온도전도율 α [m^2/h]	프린틀수 Pr	팽창계수 β[1/℃]	증발열r [kcal/kg]
벤젠	20	879	0.415	0.00740	0.132	3.62×10^{-4}	7.36	0.00106	
스핀들유	20	871	0.442	0.150	0.124	3.22	168	0.00074	
	60	845	0.482	0.0495	0.122	3.00	59.4	0.00075	
	110	820	0.511	0.0244	0.120	2.80	31.4	0.00077	
트랜스유	20	866	0.452	0.365	0.107	2.73	481	0.00069	
	60	842	0.500	0.087	0.105	2.49	126	0.00070	
	100	818	0.548	0.038	0.102	2.27	60.3	0.00072	
메틸 클로라이드	−50	1,053	0.353	0.00320	0.185	5.00	2.31		
	−30	1,017	0.356	0.00314	0.174	4.81	2.35		103.8
	0	962	0.367	0.00302	0.153	4.37	2.49		96.9
	20	923	0.397	0.00293	0.140	4.01	2.63		91.8
	40	883	0.394	0.00281	0.124	3.59	2.83		86.2
프레온	−50	1,547	0.209	0.00310	0.0581	1.80	6.20		
	−30	1,490	0.214	0.00253	0.0596	1.90	4.79		40.0
	0	1,397	0.223	0.00214	0.0626	2.01	3.83		37.0
	20	1,330	0.231	0.00198	0.0626	2.02	3.53		34.6
	40	1,257	0.239	0.00191	0.0596	2.00	3.44		31.6
아황산무수물 (SO_2)	−50	1,561	0.325	0.00484	0.209	4.11	4.24		100.0
	−30	1,513	0.325	0.00371	0.198	4.02	3.31		97.8
	0	1,438	0.326	0.00257	0.182	3.89	2.33	0.000172	90.8
	20	1,386	0.326	0.00210	0.171	3.78	2.00	0.000194	83.9
	40	1,329	0.327	0.00173	0.159	3.67	1.70		75.0
암모니아 (NH_3)	−50	704	1.066	0.00434	0.471	6.27	2.60		338
	−30	697	1.069	0.00387	0.472	6.48	2.15		325
	0	640	1.107	0.00373	0.465	6.55	2.05		302
	20	612	1.146	0.00359	0.448	6.39	2.02	2.45×10^{-3}	284
	40	581	1.194	0.00340	0.425	6.12	2.00		263
탄산가스 (CO_2)	−50	1,156	0.44	0.00119	0.0736	1.447	2.96		80.6
	−30	1,077	0.47	0.00117	0.0961	1.898	2.22		72.4
	0	927	0.59	0.00109	0.0900	1.648	2.83		56.1
	20	773	1.20	0.00091	0.0751	0.799	4.10	6.61×10^{-3}	37.1
글리세린	0	1,276	0.540	83.1	0.243	3.54	84.7	0.504×10^{-3}	229.9 (75℃)
	20	264	0.570	11.3	0.246	3.41	12.5		
	40	1,252	0.600	2.23	0.246	3.29	2.45		
에틸렌글리콜	0	1,131	0.548	0.575	0.209	3.36	615	0.648×10^{-3}	240.8 (90.8℃)
	20	1,117	0.569	0.192	0.215	3.38	204		
	40	1,101	0.591	0.0569	0.221	3.38	93		
윤활유	0	899	0.429	42.8	0.127	3.28	47,100	0.702×10^{-3*}	
	40	876	0.469	2.42	0.124	3.00	2,870		
	80	852	0.509	0.375	0.119	3.77	490		
	120	829	0.551	0.124	0.116	2.55	175		

수은	0	13.628	0.0335	0.00124	7.06	154.8	0.0288	$1.82\times10^{-3*}$	69.7 (357℃)
	50	13.505	0.0331	0.00104	8.09	180.8	0.0207		
	100	13.384	0.0328	0.00093	9.04	205.8	0.0162		

⑤ 물의 열적 성질

온도 t [℃]	정압비열 cp [kcal/kg · ℃]	비중량 γ [kg/m^3]	열전도율 λ[kcal/ m · h · ℃]	점성계수 $\eta \cdot 10^6$ [kg · s/m^2]	온도전도율 $\alpha=\lambda/c_p\gamma$ [cm^2/s]	동점성계수 $\nu=\eta/\rho$ [cm^2/s]	부피팽창률 β [1/℃]
0	1.0093	999.8	0.480	182.9	0.001322	0.01794	
5	1.0047	1.000.0	0.488	156.5	0.001352	0.01535	0.000015
10	1.0019	999.6	0.496	132.2	0.001377	0.01297	0.000090
15	1.0000	999.1	0.505	115.8	0.001403	0.01137	0.000154
20	0.9988	998.2	0.513	101.3	0.001430	0.00996	0.000208
25	0.9980	997.1	0.521	89.8	0.001457	0.00884	0.000256
30	0.9975	995.6	0.529	80.8	0.001480	0.00796	0.000302
35	0.9973	994.1	0.537	73.4	0.001505	0.00724	0.000344
40	0.9973	992.2	0.544	67.1	0.001529	0.00663	0.000386
45	0.9975	990.2	0.550	61.7	0.001550	0.00611	0.000422
50	0.9978	988.0	0.556	56.6	0.001568	0.00562	0.000457
55	0.9982	985.7	0.561	52.0	0.001585	0.00518	0.000490
60	0.9978	983.2	0.566	48.1	0.001604	0.00480	0.000522
65	0.9993	980.5	0.570	44.4	0.001618	0.00444	0.000544
70	1.0000	977.7	0.574	41.2	0.001633	0.00413	0.000584
75	1.0008	974.9	0.577	38.4	0.001645	0.00386	0.000614
80	1.0017	971.8	0.579	35.9	0.001655	0.00362	0.000642
85	1.0026	968.7	0.581	35.5	0.001665	0.00339	0.000670
90	1.0036	965.3	0.583	31.5	0.001675	0.00320	0.000697
95	1.0046	961.9	0.585	29.8	0.001885	0.00304	0.000723
100	1.0057	958.3	0.586	28.3	0.001690	0.00290	0.000749
120	1.0108	943.1	0.589	24.0	0.001707	0.00250	0.000850
140	1.0167	926.1	0.588	20.5	0.001719	0.00217	0.000966
160	1.0234	907.4	0.585	17.5	0.001720	0.00189	0.001098
180	1.050	886.9	0.579	15.5	0.00172	0.00172	0.001256
200	1.075	864.7	0.572	14.2	0.00172	0.00161	0.001451
220	1.10	840.3	0.561	12.7	0.00169	0.00149	
240	1.13	813.6	0.545	11.6	0.00165	0.00141	
260	1.19	748.0	0.527	10.7	0.00159	0.00140	
280	1.25	750.7	0.506	10.0	0.00151	0.00135	
300	1.36	712.2		9.4	0.00140	0.00138	
325	1.60	638.6	0.485	9.1			
350	2.22	572.4		8.8			
374		358.4		8.5			

⑥ 브라인의 성질

a. 염화칼슘용액

비중	보메도	용액의 염함유량 [%]	물100에 대한 염 함유량	동결점 [℃]	용액의 비열							
15℃					-40°	-30°	-20°	-10°	0°	10°	20°	30℃
1.00	0.1	0.1	0.1	-0.0					1.003	0.999	0.998	0.997
1.01	1.6	1.3	1.3	-0.6					0.986	0.984	0.983	0.982
1.02	3.0	2.5	2.6	-1.2					0.968	0.967	0.967	0.966
1.03	4.3	3.6	3.7	-1.8					0.950	0.950	0.951	0.951
1.04	5.7	4.8	5.0	-2.4					0.932	0.933	0.934	0.935
1.05	7.0	5.9	6.3	-3.0					0.915	0.917	0.918	0.919
1.06	8.3	7.1	7.6	-3.7					0.899	0.901	0.903	0.904
1.07	9.6	8.3	9.0	-4.4					0.882	0.885	0.887	0.890
1.08	10.8	9.4	10.4	-5.2					0.866	0.869	0.872	0.875
1.09	12.0	10.5	11.7	-6.1					0.851	0.854	0.858	0.861
1.10	13.2	11.5	13.0	-7.1					0.836	0.840	0.844	0.848
1.11	14.4	12.6	14.4	-8.1					0.822	0.825	0.830	0.835
1.12	15.6	13.7	15.9	-9.1					0.808	0.813	0.817	0.822
1.13	16.7	14.7	17.3	-10.2				0.789	0.795	0.800	0.805	0.810
1.14	17.8	15.8	18.8	-11.4				0.776	0.782	0.788	0.793	0.798
1.15	18.9	16.8	20.2	-12.7				0.764	0.770	0.776	0.781	0.787
1.16	20.0	17.8	21.7	-14.2				0.753	0.758	0.764	0.770	0.775
1.17	21.1	18.9	23.3	-15.7				0.742	0.747	0.753	0.759	0.765
1.18	22.1	19.9	24.9	-17.4				0.731	0.737	0.742	0.748	0.754
1.19	23.1	20.9	26.5	-19.2				0.721	0.727	0.732	0.738	0.744
1.20	24.1	21.9	28.0	-21.2			0.705	0.711	0.717	0.723	0.729	0.735
1.21	25.1	22.8	29.6	-23.3			0.696	0.702	0.708	0.714	0.720	0.726
1.22	26.1	23.8	31.2	-25.7			0.688	0.694	0.700	0.706	0.712	0.718
1.23	27.1	24.7	32.9	-28.3			0.680	0.685	0.692	0.698	0.704	0.710
1.24	28.0	25.7	34.6	-31.2		0.667	0.673	0.679	0.685	0.691	0.697	0.703
1.25	29.0	26.6	36.2	-34.6		0.660	0.666	0.672	0.678	0.684	0.690	0.696
1.26	29.9	27.5	37.9	-38.6		0.653	0.659	0.665	0.671	0.677	0.683	0.689
1.27	30.8	28.4	39.7	-43.6	0.640	0.646	0.652	0.658	0.664	0.670	0.676	0.682
1.28	31.7	29.4	41.6	-50.1	0.634	0.640	0.646	0.652	0.658	0.664	0.670	0.676
1.286	32.2	29.9	42.7	-55.0	0.630	0.636	0.642	0.648	0.654	0.66	0.666	0.672
1.29	32.5	30.3	43.5	-50.6	0.627	0.633	0.639	0.645	0.651	0.657	0.663	0.670
1.30	33.4	31.2	45.4	-41.6	0.621	0.627	0.633	0.639	0.645	0.651	0.657	0.663
1.31	34.2	32.1	47.3	-33.9		0.620	0.626	0.633	0.639	0.645	0.651	0.657
1.32	35.1	33.0	49.3	-27.1			0.620	0.627	0.633	0.639	0.645	0.652
1.33	35.9	33.9	51.3	-21.2			0.614	0.621	0.627	0.634	0.640	0.646
1.34	36.7	34.7	53.2	-15.6				0.615	0.621	0.628	0.634	0.641
1.35	37.5	35.6	55.3	-10.2				0.609	0.616	0.622	0.629	0.636
1.36	38.3	36.4	57.4	-5.1					0.610	0.617	0.624	0.631
1.37	39.1	37.3	59.5	0.0					0.604	0.611	0.618	0.623

b. 식염용액

비중	보메도	용액의 염함유량 [%]	물100에 대한 염 함유량	동결점 [℃]	용액의 비열					
15℃					-20°	-10°	0°	10°	20°	30℃
1.00	0.1	0.1	0.1	0.0			1.001	0.999	0.997	0.996
1.02	3.0	2.9	3.0	-1.7			0.956	0.959	0.963	0.966
1.04	5.7	5.6	5.9	-3.6			0.927	0.931	0.934	0.937
1.06	8.3	8.3	9.0	-5.5			0.901	0.904	0.907	0.910
1.08	10.8	11.0	12.3	-7.8			0.878	0.881	0.884	0.887
1.10	13.2	13.6	15.7	-10.4		0.855	0.857	0.860	0.863	0.865
1.12	15.6	16.2	19.3	-13.2		0.836	0.839	0.841	0.844	0.846
1.14	17.8	18.8	23.1	-16.2		0.819	0.822	0.824	0.826	0.829
1.16	20.0	21.2	26.9	-19.4		0.803	0.806	0.808	0.810	0.813
1.17	21.1	22.4	29.0	-21.2		0.796	0.798	0.800	0.803	0.805
1.18	22.1	23.7	31.1	-17.3	0.793	0.789	0.791	0.793	0.795	0.797
1.20	24.2	26.1	35.3	-2.7			0.778	0.779	0.781	0.783
1.203	24.4	26.3	35.7	-0.0			0.776	0.778	0.780	0.781

⑦ 기체의 열적 성질

물질	온도 [℃]	비중량 γ [kg/m³]	정압비열 cp [kcal/kg · ℃]	동점성계수 ν [cm²/s]	열전도율 λ[kcal/ m · h · ℃]	온도전도율 α [cm²/s]	프란틀수 Pr
수소 (H_2)	-50	0.1064	3.30	0.691×10^{-4}	0.121	0.344	0.72
	0	0.0869	3.39	0.968	0.144	0.486	0.72
	50	0.0734	3.44	1.28	0.165	0.653	0.71
	100	0.0636	3.46	1.62	0.184	0.840	0.69
	150	0.0560	3.46	1.99	0.203	1.05	0.68
	200	0.0500	3.47	2.37	0.221	1.28	0.66
	250	0.0453	3.47	2.79	0.237	1.52	0.66
	300	0.0415	3.48	3.21	0.254	1.78	0.65
질소 (N_2)	-50	1.485	0.249	0.095×10^{-4}	0.0172	0.0465	0.74
	0	1.211	0.249	0.138	0.0207	0.0687	0.72
	50	1.023	0.249	0.185	0.0246	0.0942	0.71
	100	0.887	0.249	0.238	0.0269	0.122	0.70
	150	0.782	0.250	0.295	0.0299	0.153	0.69
	200	0.699	0.252	0.355	0.0328	0.186	0.69
	250	0.631	0.253	0.423	0.0355	0.221	0.69
	300	0.577	0.256	0.491	0.0380	0.257	0.69
탄산가스 (CO_2)	-50	2.373	0.183	0.048×10^{-4}	0.0095	0.022	0.78
	0	1.912	0.198	0.072	0.0125	0.033	0.78
	50	1.616	0.209	0.100	0.0157	0.047	0.77

	100	1.400	0.220	0.131	0.0191	0.062	0.76
	150	1.235	0.229	0.165	0.0226	0.080	0.74
	200	1.103	0.238	0.203	0.0263	0.101	0.72
	250	0.996	0.246	0.243	0.0302	0.123	0.71
	300	0.911	0.254	0.285	0.0343	0.148	0.69
산소 (O_2)	−100	2.192	0.219	0.059×10^{-4}	0.0126	0.027	0.80
	−50	1.694	0.219	0.096	0.0162	0.044	0.79
	0	1.382	0.219	0.139	0.0197	0.065	0.77
	50	1.168	0.221	0.188	0.0231	0.089	0.76
	100	1.012	0.223	0.243	0.0261	0.116	0.76
일산화탄소 (CO)	−100	1.920	0.250	0.054×10^{-4}	0.0131	0.027	0.72
	−50	1.482	0.249	0.089	0.0166	0.047	0.71
	0	1.210	0.249	0.129	0.0200	0.066	0.70
	50	1.022	0.249	0.179	0.0234	0.092	0.70
	100	0.886	0.250	0.234	0.0262	0.118	0.71
암모니아 (NH_3)	0	0.746	0.512	0.125×10^{-4}	0.0188	0.049	0.91
	50	0.626	0.521	0.177	0.0234	0.072	0.89
	100	0.540	0.535	0.241	0.0286	0.099	0.88
	150	0.476	0.555	0.315	0.0347	0.131	0.86
	200	0.425	0.578	0.390	0.0417	0.170	0.83
아황산가스 (SO_2)	0	2.88	0.149	0.0408×10^{-4}	0.0072	0.0171	0.86
	100	2.06	0.161	0.0806	0.0103	0.0310	0.94
프레온 R12 (CF_2Cl_2)	30	5.02	0.147	0.0243×10^{-4}	0.0072	0.0098	0.89
프레온 R21 ($CHFCl_2$)	30	4.57	0.140	0.0253	0.0085	0.133	0.68

⑧ 건조공기의 1 ata(735.5mmHg)에서의 열적 성질

온도 [℃]	점성계수 $\eta \cdot 10^6$ [kg · s/m²]	비중량 γ [kg/m³]	동점성계수 ν cm²/s [stokes]	정압비열 cp [kcal/kg · ℃]	열전도율 λ [kcal/m · h · ℃]	온도전도율 $\alpha=\frac{\lambda}{c_p\gamma}$ [cm²/s]
−190					0.0065	
−150	0.876	2.817	0.0305		0.010	
−100	1.21	1.984	0.0598		0.014	
−50	1.51	1.534	0.0973		0.017	
−20	1.66	1.365	0.1193		0.0194	
0	1.78	1.252	0.1396	0.241	0.0204	0.1878
10	1.82	1.206	0.1482	0.2413	0.0210	0.201
20	1.86	1.164	0.1568	0.2416	0.0216	0.2133
30	1.905	1.127	0.1660	0.2419	0.0222	0.226
40	1.95	1.092	0.1752	0.2422	0.0228	0.2394
50	1.99	1.057	0.1847	0.2426	0.0234	0.2535
60	2.03	1.025	0.1943	0.2429	0.0240	0.2675
70	2.08	0.996	0.2045	0.2432	0.0246	0.2827
80	2.12	0.968	0.215	0.2435	0.0252	0.2958
90	2.165	0.942	0.2258	0.2438	0.0258	0.3125
100	2.21	0.916	0.237	0.2441	0.0264	0.3281
120	2.30	0.870	0.259	0.2447	0.0275	0.3589
140	2.38	0.827	0.282	0.2453	0.0286	0.3917
160	2.46	0.789	0.306	0.2460	0.0296	0.4236
180	2.54	0.755	0.330	0.2466	0.0307	0.4581
200	2.62	0.723	0.356	0.2472	0.0318	0.4942
250	2.81	0.653	0.422	0.249	0.0344	0.588
300	2.99	0.596	0.492	0.250	0.0369	0.687
350	3.16	0.549	0.565	0.252	0.0393	0.789
400	3.34	0.508	0.645	0.253	0.0417	0.901
500	3.65	0.442	0.810	0.257	0.0464	1.135
600	3.94	0.391	0.989	0.260	0.050	1.363
800	4.45	0.318	1.37	0.266	0.0575	1.89
1,000	4.94	0.268	1.81	0.272	0.0655	2.496
1,200	5.37	0.232	2.27	0.278	0.0727	3.13
1,400	5.79	0.204	2.78	0.284	0.080	3.835
1,600	6.16	0.182	3.32	0.291	0.087	4.577
1,800	6.51	0.165	3.87	0.297	0.094	5.34

SECTION 08 | 미세먼지 배출계수

배출원	배출계수
1) 천연가스의 연소	가스 1,000,000m^3 당 240kg
a) 화력발전소	가스 1,000,000m^3 당 288kg
b) 공업용 보일러	가스 1,000,000m^3 당 304kg
c) 가정용 및 상업용 난로	
2) 중류오일의 연소	오일, 1000L 당 1.8kg
a) 공업용 및 상업용 난로	오일, 1000L 당 0.96kg
b) 가정용 난로	
3) 잔류오일의 연소	오일, 1000L 당 1.2kg
a) 화력발전소	오일, 1000L 당 2.75kg
b) 공업용 및 상업용 난로	
4) 석탄의 연소	석탄 1 ton 당 0.9×재함유량
a) cyclone 난로	석탄 1 ton 당 0.9~7.7×재함유량
b) 기타 분말 석탄난로	석탄 1 ton 당 0.9×재함유량
c) 뿌려지는 화덕	석탄 1 ton 당 0.9~2.3×재함유량
d) 기타 화덕	
5) 소각	쓰레기 1 ton 당 7.7kg
a) 복실 도시용 소각로	쓰레기 1 ton 당 1.4kg
b) 복실 산업용 소각로	쓰레기 1 ton 당 4.5kg
c) 단실 상업용 소각로	쓰레기 1 ton 당 12.7kg
d) 연도 주입식 소각로	쓰레기 1 ton 당 6.8kg
e) 가스 연소식 가정용 소각로	쓰레기 1 ton 당 7.3kg
f) 도시 쓰레기의 노천소각	
6) 자동차	휘발유 1,000L 당 1.44kg
a) 휘발유 엔진	디젤 1,000L 당 13.2kg
b) 디젤엔진	주입된 금속 1 ton 당 7.9kg
7) 회색주철 cupola firnaces	생산된 시멘트 1 barrel 당 17.2kg
8) 시멘트 공장	
9) kraft 펄프 공장	생산된 건조상태의 펄프 1 ton 당 9.1kg
a) smelt tank	생산된 건조상태의 펄프 1 ton 당 42.6kg
b) 석회로(lime kiln)	생산된 건조상태의 펄프 1 ton 당 68.0kg
c) 회수로	생산된 황산 1 ton 당 0.14~3.4kg의 mist
10) 황산공장	
11) 제강공장	
a) 평로	생산된 강철 1 ton 당 0.68~9.1kg
b) 전기로	생산된 강철 1 ton 당 6.8kg

SECTION 09 | 질소산화물의 배출계수

	배출원	평균배출계수
석탄	가정 및 상가 공장 화력발전소	3.6kg/ton 9.1kg/ton 9.1kg/ton
연료오일	가정 및 상가 공장 화력발전소	1.4~8.6kg/1,000L 8.6kg/1,000L 12.4kg/1,000L
천연가스	가정 및 상가 공장 화력발전소	1.9kg/1,000㎥ 3.4kg/1,000㎥ 6.2kg/1,000㎥
가스엔진	오일 및 가스생산 가스공장 파이프라인 정유공장	12.3kg/1,000㎥ 68.8kg/1,000㎥ 116.8kg/1,000㎥ 70.4kg/1,000㎥
가스터빈	가스공장 파이프라인 정유공장	3.2kg/1,000㎥ 3.2kg/1,000㎥ 3.2kg/1,000㎥
연료연소 (이동배출원)	가솔린엔진자동차 디젤자동차 비행기(재래식제트기) 프로펠러식엔진	13.5kg/1,000L 26.6kg/1,000L 10.4kg/엔진-비행 4.2kg/엔진-비행
폐기물처분	노천소각 원추형소각로 도시소각로 현장소각	5.0kg/ton 0.3kg/ton 0.9kg/ton 1.1kg/ton
화학공장	질산생산 Adipic산 Terepjthalic산 대규모 질산화 소규모	25.8kg/ton HNO 5.4kg/ton 생산품 5.9kg/ton 생산품 0.09~6.3kg/ton-HNO_3 0.9~117.8kg/ton-HNO_3

SECTION 10 | 질소산화물의 영향

① 감각기관에 대한 영향

NO_2 농도		노출시간	영향	반응 및 대상		reference
(μg/㎥)	(ppm)			반응[*1]	대상	
790	0.42	즉시	노출이 시작되면서 바로 냄새를 감지할 수 있음	8/8	8명의 정상인	Henschler et al(1960)
410	0.22	즉시	노출이 시작되면서 바로 냄새를 감지할 수 있음	8/13	13명의 정상인	〃
230	0.12	즉시	노출이 시작되면서 바로 냄새를 감지할 수 있음	3/9	9명의 정상인	〃
230	0.12	즉시	노출이 시작되면서 바로 냄새를 감지할 수 있음	대부분의 대상인	14명의 정상인	Salamberidze(1967)
200	0.11	즉시	노출이 시작되면서 바로 냄새를 감지할 수 있음	26/28	28명의 정상인	Feldman(1974)
0~51,000	0~27	54min	NO_2 농도를 0에서 27ppm으로 54분 동안 서서히 증가시켰을 때 냄새를 감지할 수 없었으며 상대습도의 증가가 냄새 감지를 증가시킴	0/6	6명의 정상인	Henschler et al(1960)
140	0.074	5~25 min	코로 숨을 쉼으로써 어둠에 대한 적응시력이 감소됨	4/4	4명의 정상인	Salamberidze(1967)

주) 반응[*1] : 각 노출에 대한 반응을 보인 대상인원/총대상인

자료) 1. Environmental Health Criteria 4 Oxide of Nitrogen, WHO 1979

2. Air Quality Criteria for Oxides of Nitrogen, WHO 1977

② 폐기능에 대한 영향

NO_2 농도		노출 시간 (hour)	영향	대상인원	reference
μg/㎥	ppm				
9400	5	2hr	Raw[*1]가 급격히 증가, $AaDO_2$[*2]의 감소	11명의 정상인	Neiding et al(1976)
9400	5	15min	노출 전, 중, 후 PAO_2[*3]는 불변이나 PAO_2[*4]는 급격히 감소하고 $AaDO_2$[*2]는 증가	14명의 만성기관지염 환자	Neiding et al(1973)
9400	5	15min	DL_{co}[*5]이 급격히 감소	16명의 정상인	Neiding et al(1973)
7500~9400	4~5	10min	들숨과 날숨의 저항증가에 따라 폐활동기능 저하	5명의 정상인	Abe(1967)
3000~3800	1.6~2.0	15min	Raw[*1]의 증가	15명의 만성기관지염 환자	Neiding et al(1971)
1300~3800	0.7~2.0	10min	들숨과 날숨의 저항증가	10명의 정상인	Suzuki & Ishikawa
190	0.1	1hr	대상인원중 13명이 SRaw[*6]의 급격한 증가	20명의 천식환자	Orehek et al(1976)
100 NO_2	0.05 NO_2		와 기관지 수축 현상을 보임		
50 O_3	0.025 O_3		Raw[*1]와 $AaDO_2$[*2]의 증세 없음, 조출 전에	11명의 정상인	Neiding et al(1976)
260 SO_2	0.10 SO_2	2hr	비하여 기관지에 민감한 반응보임		

주) Raw[*1] : 기도저항
AaDO[*2] : 폐포의 혈관 사이의 산소압차
PAO[*2] : 폐포의 부분압
PaO_2[*24] : 혈관의 부분압
DL_{co}[*5] : 폐에서의 CO에 대한 확산능력
SRaw[*5] : 기도비저항

자료) 1. Environmental Health Criteria 4 Oxide of Nitrogen, WHO 1979
2. Air Quality Criteria for Oxides of Nitrogen

■ 찾아보기

(ㅈ)

(ㅊ)

(ㅋ)

(ㅌ)

(ㅍ)

(ㅎ)

▌실내공기오염▐

1판 1쇄 발행　2018년 3월 10일

저　　자 | 최태열 · 이승길 · 최영덕
발 행 인 | 서철종
발 행 처 | 도서출판 지우북스
주　　소 | 경기도 고양시 일산서구 강성로 147 동문시티프라자 814호
전　　화 | 031-915-6670(代)
팩　　스 | 031-915-6671
이 메 일 | jwbooks@nate.com
출판등록 | 2017년 2월 16일 제 410-2017-000032 호

ISBN 979-11-88673-06-3

정가 15,000원